商周出版

最詳盡 IFRSs 合併報表選股密技

圖解新制
財報選好股

誠鈺會計師事務所主持會計師

羅澤鈺 著

2020
增訂版

依據最新 IFRS16 規定編修，
破解財報數字暗藏玄機，
抓出企業真實績效與營收！

第4章　IFRSs對財務報表分析的影響

第5章　好股、壞股5分鐘精準揪出

金融資產衡量以及營建業對於營業收入的認列這幾項重點，尤其精采，讓我對於IFRSs所帶來的影響有了更深的認識，對於挑選財報績優公司也更有方向。

在閱讀完整本書後，我的內心既興奮又感佩：興奮的是，面對IFRSs的新挑戰，還好有本書的出版；感佩的是，澤鈺兄能在每日繁忙的工作之餘，不藏私地向大家分享如此精闢之見解。我誠摯地向投資朋友推薦，相信無論是股市老將或投資新手，必定都能有豐富的收穫。

（本文作者為前富邦證券自營部副總經理）

推薦序

讓台灣資本市場更具競爭力的
新制財報規則

周建宏

　　財務資訊是資本市場運作最重要的基礎之一，因此過去世界主要的資本市場所在國家都各自發展了一套會計準則，做為規範其國內公司編製財務報表的標準。然而隨著企業國際化日益加深，全球需要一套高品質之會計準則以促進財務報表之可比較性的呼聲也愈來愈高，國際財務報導準則（IFRSs）因應而生。IFRSs是國際會計準則委員會所制定的原則式（principle-based）之會計準則，僅規範經濟實質的會計處理原則，提供各國企業均可遵循之架構，目前幾乎已被全世界主要的資本市場所接受，可說是全球共通的會計語言，對於所有的資本市場參與者，不論是發行公司、投資人、會計師、監理機關或其他需要使用財務報表的人，讀懂IFRSs都是一個必備的條件。

與過去的會計準則相比，IFRSs有幾項重大的改變，對提升財務報表品質有所助益。一、IFRSs是以合併為編製基礎，所有集團內的交易都會反映在合併報表內，因此資訊較為完整及透明。雖然過去上市櫃公司也有編製合併報表，但因其並非主要報表，因此許多財務報表使用者仍習慣看母公司個別報表，採用IFRSs後，應會逐漸改為以合併報表為主，對於集團財務狀況及營運績效的掌握度將提高。二、IFRSs是原則式的會計準則，較少條文式的規定，如適當運用，應該較能反映經濟實質，並呈現公司管理當局的意圖。三、IFRSs使用更多公允價值做為入帳的基礎，與過去多以歷史成本為基礎的會計準則相比，更貼近市場的需求。四、IFRSs揭露的資訊較以往更豐富，且包含更多提高對公司會計政策及風險管理原則了解程度的有用資訊。

然而，採用IFRSs也有其實務上的問題，例如原則式的會計準則，以及IFRSs所允許的不同會計選擇，可能產生同樣的交易，在不同公司有不一致的處理方式，雖然財務報表附註應該會揭露其不同的編製基礎，但未必每一個報表使用者都會仔細閱讀附註揭露，也不一定熟悉其表達的意涵，因此可能降低不同公司間財務報表的可比較性。又例如當公允價值的來源並非公開市場價格，而係模型計算得出，其可靠性是可能需要打折的，對於非專業的投資人，可能未必理解其中的複雜性。儘管有這些實務上

的問題，個人認為 IFRSs 的採用，仍是瑕不掩瑜。

　　不論如何，了解 IFRSs 所帶來的財報資訊上的變化是非常重要的，因為它提供了更多對公司與市場價值更深入的資訊，身為專業的會計師，個人對於 IFRSs 適用後上市櫃公司整體財務資訊品質的逐步提升充滿了期待，也期許台灣資本市場因 IFRSs 的採用而更具國際競爭力。

　　　　　　（本文作者為資誠聯合會計師事務所審計部營運長）

推薦序

看穿財報背後的真相

朱紀中

　　從未接觸過羅會計師，不過，收到這位既懂保險、據說又是股票投資老手所寫的新書後，看到他在自序中提及，撰寫這本新書的緣起之一，是他父親曾投資一檔已經「屍骨無存」的上市主機板股──「陞技」，並為此大虧逾千萬元。看到這檔股票的名字，頓時勾起我的回憶。

　　那是2005年的一個重要採訪！我和同事一起挖掘「陞技」財報造假、老闆挪用公司資產的內幕。當時，證交所主管拿著資料告訴我們，這家電子公司報表做的很漂亮，可是，營收都是在「造假」！更讓我震驚的是，他們營收造假的本事居然如此之高！

　　因為不過一年多前，這家公司老闆還在我面前開口閉口談公司治理，而且非常自豪地告訴全市場投資人，他把自己

在EMBA上課時的名師請到公司擔任董監事，要讓這些老師來「管」他、「約束」他，以期能讓公司財務盡量透明。沒想到，一年不到，證交所就翻出資料來證實，這位證券營業員出身的科技大亨根本是在演戲，他大量設立境內外轉投資公司，再讓公司與這些轉投資公司密集往來，短短4個月就把29億元現金，從公司帳上搬到海外轉投資公司手上。最後，證交所還是向海關查證陞技相關轉投資公司所有的進出口數字，才發現那些看似成長的「業績」，全是「做」出來的。

當我們以「搬錢」來形容陞技公司的行為，文章一刊出，對方馬上提告，甚至還在專業報紙上刊登廣告修理我們，這場官司一路打到三審，費時近兩年，最後在檢調搜索公司、老闆被以掏空公司罪名起訴後，我和同事終於三審全部都勝訴，證明我們揭露的訊息是事實，絕非杜撰。而陞技公司最後不但公司股票下市，僅有的大樓資產迅速賣掉，連公司的主機板業務都轉手賣光，公司真的是賣到「屍骨無存」。

羅會計師說，如果早有IFRSs制度，或許陞技這樣的公司就會提早現形，他的父親或是他，就能提早看穿報表背後的真相。這個因為上一代繳出上千萬元學費帶出來的故事，讓羅會計師認真地研究報表，比較不同公司的財報，進而能以淺白的文字加上清楚的圖表，把報表可能傳達的各種訊息分析給投資人了解，對

變大，投資人該如何了解這其中潛在的操作風險？還有過去許多GAAP下報表會揭露的數字，例如匯兌損益、利息收入支出細項，在IFRSs報表中不再出現，而是挪到附註當中揭露，這意味著IFRSs施行下，附註的重要性大增，投資人該如何從密密麻麻的附註中找出重點？

由以上舉出幾點，足以顯示IFRSs轉換對投資大眾影響重大，可惜坊間許多IFRSs相關書籍和研討會，都是為業內專業人士準備，對於一般人士顯得太過艱澀而不易理解，無怪乎大眾投資人對於IFRSs新制一知半解。但直到看過羅會計師的這本《圖解新制財報選好股》，我可以開心地告訴投資朋友們：第一本為你們而寫的IFRSs介紹書籍，終於出現了！

本書沒有太多財會的艱澀名詞和冷硬公式，取而代之的是親民的文字敘述和圖示，非常容易閱讀；對於舊制GAAP和新制IFRSs的差異，羅會計師並非像教科書般條列式一一介紹，而是貼心地挑出對一般大眾影響最為重大的部分做加強敘述，讀者只要仔細看完2、3章文章內容，就能對合併報表和重大附註的解讀、金融資產分類、收入認列原則變動……等IFRSs重大規範，有快速的理解。更棒的是，書中附有許多台灣上市櫃公司案例探討，除了讓讀者更能體會IFRSs對財報的影響，更讓本書對於投資參考實用性大幅增加。

　　如果你正在尋找的不是教科書，而是一本從投資人角度看待IFRSs的實用解析，這本書無疑是目前最好的選擇，值得推薦給你。

（本文作者為財報狗網站創辦人）

推薦此書外,特藉此機會再次感謝羅老師的教導,讓從未念過會計學的我,能在最短的時間順利通過證券分析師的會計考試科目,真的是不簡單的老師!相信讀者也能在閱讀此書後,於股海中掌握先機,趁勝追擊!

（本文作者為證券分析師暨財經作家）

推薦序

學好財報分析，
基本面選股能力大提升

劉作時

　　認識澤鈺剛好十年，這十年間，我服務的公司有幸跟澤鈺合作開設了證券分析師、CFA（特許財務分析師），以及CFP（認證理財規劃顧問）的輔考課程。澤鈺的教學品質有目共睹，許多學員都將他列為本公司最受歡迎的講師。澤鈺今年把他多年上課的心得，加上他自己對高會及財報分析的功力，寫成這樣一本從國際財務報導準則（IFRSs）切入財報分析的簡單工具書。投資大眾可能之前無緣看到他上課的風采，但教室外的我們，現在有福能一睹他的最新力作──《圖解新制財報選好股》。

　　IFRSs既然是國際財務報導準則，2013年台灣的上市櫃公司開始使用後，其報表就可以和其他國家公司的財報做比較，增加國際投資人對台灣公司財報的理解，台灣的一般投資人及財報使

自序

讓你在台股迷宮中，
快速到達理想的投資應許之地

　　在經過數年的宣導期及階段性的試行後，即使眾人再怎麼怯於面對，還是迎來了2013年5月15日——2013年第1季IFRSs財務報表最後資訊公開日，將台股市場推向IFRSs新紀元。

　　以往，一般民眾或投資人對於企業的財務報表，只懂得使用在地母公司的觀點進行檢閱，容易忽略掉許多攸關企業經營良窳的重要關鍵。如今，IFRSs新制讓企業的財務報表都必須以「合併概念」呈現，也就要求企業轉投資的子孫公司們，都必須適度地併入財務報表，讓整個集團的資訊更加透明，避免投資人因為「漏看」資訊，做錯投資決策而在詭譎的股海受創，甚至滅頂。當然，對於一般投資人而言，要了解IFRSs新制下的「合併報表」，一開始必然有點辛苦，但弄懂它，絕對是百利而無一害的好事。

　　有過筆耕經驗者皆知，筆耕的過程是一個不斷自我爬梳和省思的大考驗。因此，撰寫此書時，不免憶起往事。1996年盛夏，踏進台灣大學管理學院會計研究所的我，在各種商管課程中，逐漸對資本市場產生興趣與好奇，進而鼓吹父親投資。之後，父親在1997年亞洲金融風暴時危機入市，因大膽且沈穩地投資新馬泰相關基金，得以大賺數倍出場。接著幾年的投資成績，亦是大賺小賠，頗有無往不利之勢。時至21世紀，2003上半年台灣蔓延前所未見的SARS，台股跌至4,000多點，更操作中鋼、台灣大、光寶科多檔個股，疫情過後股市回穩，成功獲利達8位數之多。只是，在投資的道路上，當一切看起來是順風駛帆之時，往往便是風險的開始……。

　　2005年開始布局投資的陞技，因為「當年」現金股利殖利率高，吸引了父親投資。當時陞技帳上的長期投資高達91億元，轉投資家數達40家；子公司以應收帳款投資2家孫公司後，在短短半年內即出現高達32億元商譽。這些「異狀」，在沒有以「合併概念」檢視財務報表的時代，幾乎不會被察覺。於是，這些披著羊皮的狼群，就騙過了主管機關、簽證會計師、學界及所有的投資大眾。說來慚愧，那時有大型會計師事務所查核經驗的我，在陞技出事的新聞上報後，自己的小部位認賠1成出場，卻無力說服父親認賠拿回8至9成的本金，直到股票一路下探，終

本書儘量以2013年採用IFRSs新制後的財報為主，但因實施時間尚短，為了呈現更多投資上值得留意的題材，亦難免採用舊制的合併報表。

最後，謹以本書獻給已於2010年逝世的父親，以及關心我的親人好友，並期望所有讀者能透過此書對IFRSs新制的解析，在台股迷宮中，快速到達理想的投資應許之地。

改版序

看懂財報關鍵數字，
讓投資功力更上層樓

　　寫書與成為作者這件事情，實在是一個人生中的意外插曲，而這個隨機的意外，也讓我認識了更多對於財報知識或是基本面分析有需求的讀者。與更多非專業領域的讀者們互動後，才知道原來有那麼多投資人對於財務分析有興趣，卻一直苦無更進一步學習的管道；有著多年專業法人與高階金融證照授課經歷的我，於是樂於將這些教學經驗與內容，分享給那些有興趣自我深造的讀者或是學生，使得他們能有所裨益。我了解到自己在社會上多了一份責任，並且應該提供這個社會正面的力量；個人的所學所知對他人能有所幫助，真的是一件萬分榮幸的事情。

　　承蒙財經書籍市場與讀者們的廣大回響，本書第一版廣獲各界指教，繼而有此改版的誕生。第一版撰寫之時，台灣才剛導入IFRSs，有些公報內容已經落實，有些公報要等一、兩年才

實施。相較於過去GAAP不同的財報新樣貌，於第一版時尚無緣跟各位讀者見面，因此，此次改版增加了104年新版的綜合損益表範例（其他綜合損益區分為二大類）。此外，投資性不動產後續評價採用「公允價值模式」，於103年1月1日已經實施，對於財務報表上有投資性不動產的各產業，未來影響將十分重大，本書也挑選具有代表性的範例在書中討論。除了正冊的修改，此次也加贈了更為實務面的別冊，我在別冊中分享自己選股的六大指標，並且以選股軟體選出37檔值得繼續追蹤的好股。

IFRSs導入兩年後，台灣股票市場也逐漸出現了質變，104年4月台股創下十年來難得一見的萬點行情──10014點，小股民應該欣喜若狂才是，好的股票如台積電、大立光，持續創下高點，但是沒有基本面的公司股價卻一家一家創新低。投資人如果不看財報，只跟隨報章媒體玩玩短線行情，到底這樣能夠賺到多少利潤呢？我實在是很懷疑。

平心而論，我認為這兩年雖然導入了IFRSs，到目前為止，真正由於新的IFRSs而大幅影響股價的公司家數仍然不多。但是市場多數人的投資心態與投資方法已經愈來愈精明了，這表示如果你還要在市場裡面撈油水賺點小錢，不多下點功夫研究基本面，對你的個人理財會產生很大的致命傷。

Chapter

1

為何要懂IFRSs？

就算你不是會計專家，但只要你是稍微留意台股市場的投資人，在過去一年裡，一定很常聽到「IFRSs」這個詞彙。有時會發現，和它連在一起的消息，看起來都像是利多；但更多時候又會覺得，它總是和企業虧損的消息擺在一起。可是，IFRSs到底是什麼？恐怕有60%以上的台股投資人，已經很努力地盯著報紙上相關新聞細看、認真地聽著理財節目裡的專家解說，卻還是有看沒有懂。再不然就是「看得懂的就看，看不懂的就自動忽略」。

什麼是IFRSs？它正式的名稱是「國際財務報導準則（IFRSs, International Financial Reporting Standards）」，是一套國際間廣泛通用的會計準則，與台灣過往在會計上採用的「一般公認會計原則（GAAP）」，有著不同的思維模式。因此，在計算基礎不同的情況下，台灣的上市櫃企業及一般公司的財務報表中所呈現的資訊或企業價值，難以被國際投資人理解及比較，也就不利與國際接軌。所以，政府在考量全球化發展趨勢，以及提升台灣資本市場的國際競爭力，並吸引外資投資國內資本市場、降低國內企業赴海外籌資的成本……等多重考量下，於2009年5月宣布台灣將採用IFRSs。而且，自2013年起，台灣上市櫃公司、興櫃企業及金管會主管的金融業，都必須採用IFRSs，屬於第一階段採用類別；而第二階段則是在2015年，納入非上市櫃

的公開發行公司、信合社和信用卡公司。

　　歷史演進的故事說到這，看似未完，但對台股投資人及一般民眾而言，夠了！大家只要記得，從2013年1月1日起，大至舉世聞名、資本額2,592.82億元的台積電（2330），小至上市櫃市場的文創新星──誠品生活（2926，資本額4.51億元），財務報表的計算及編製，都自此開始改變。而且，這個包括會計科目*大搬風在內的變革，很可能會直接衝擊企業的營收獲利，不由得你不重視。

非懂不可原因1：報表長相不一樣

　　教了這麼久的財報分析，我必須承認，就會計學的角度來看「IFRSs」，它的確不是那麼好懂的新制度。尤其它所更動的每項規定，都牽涉到許多深淺不一的會計學理及概念，就好像是著名的俄羅斯娃娃般，被一層又一層地套著，如果沒有把一個個娃娃打開來，就看不到裡頭究竟是什麼。但我也不認為，大家可以因為它難，就對它敬而遠之。

---

* 會計科目：在IFRSs下，改稱為會計項目，後文將統一以會計項目稱之。

　　先來個簡單的前菜說說，當你攤開今年第1季的上市櫃企業財報後，會發現「咦？報表的名稱和長相，怎麼不太一樣？」以前不是都稱為某某公司的資產負債表、損益表，現在怎麼都叫「合併」資產負債表、「合併」綜合損益表？而且有些會計項目名稱怎麼也變了？原來的項目去哪裡了？（各報表的合併概念詳細說明，請見第2章。）

　　是的，在IFRSs新制規定下，所有的財務報表都需採「合併」概念呈現，也就是新制的財務報表，不只有母公司的經營現況，還得把底下子子孫孫的企業狀態，併入報表中。

　　乍聽之下，可能有些投資人覺得「合併」報表真不錯，可以「one stop shopping」，一次就了解母公司和子公司的經營績效。但問題是有些上市櫃企業太擅長繁衍子孫，不懂IFRSs新制的投資人分得清哪些是青出於藍的好子孫，哪些是不事生產的敗家子嗎？

　　再者，由於持股比例的不同，有些子孫公司的資料全數併入，有些只是部分併入，也讓企業的合併報表比舊制的母公司個體報表更加深奧難解。許多被合併概念弄得頭昏腦脹的券商及投顧研究員、分析師都大嘆，在財務報表合併之後，他們都「抓不出企業獲利引擎」在哪了！

非懂不可原因2：獲利有無差很大

上完前菜，接著為大家送上IFRSs新制的主菜，也就是上市櫃企業為因應IFRSs新制所必須做的大幅度帳務調整，包括企業轉投資的股權處理、金融工具衡量方式的改變、資產重估、營建業營收改以完工交屋時認列、百貨業營收改採淨額法認列、顧客忠誠計畫……等（新制報表衝擊企業及產業的詳細說明，請見第3章）。

不過，光看這些死板板的會計專有名詞，投資人可能會「很無感」。那麼，不妨看看台灣上市櫃企業採用IFRSs新制後，對營收產生的影響數，相信大家就會開始「很有感」了。

從圖1-1可知，在同樣的營收數字，當企業「什麼都沒做」，只是把記帳方式由GAAP舊制轉換到IFRSs新制後，產業的營收竟產生不同變化。像百貨業營收認列由總額法轉變為淨額法，2012年第1季的營收就減少了22.64%（約279億元），而營建業則因為營收認列由原本的完工比例法，轉變為完工交屋時認列，使2012年第1季的營收就平白消失了14.04%（約95億元），影響實在不小。

圖1-1 上市櫃企業採IFRSs新制後，2012年第1季的營收影響

資料來源：公開資訊觀測站（羅澤鈺整理）

　　若再看個別企業採用IFRSs新制後的影響，就會更令人驚訝（見表1-1）。以航運業的益航（2601）為例，採用IFRSs新制計算後，2012年第1季的營收就從舊制的79.18億元，銳減為20.73億元，減少幅度達73.81%。而若同樣以IFRSs方式來評估，2013年第1季的新制營收為20.63億元，則會發現兩者差異並不大。且仔細分析財報相關說明後，就會明白這近60億元營收，只是因為益航在中國大陸有許多轉投資的百貨業，而百貨業自2013年起，營收必須採淨額法認列所致。同樣地，遠百（2903）的營

表1-1 2013年第1季，企業採IFRSs新制後的營收影響

單位：千元

企業	2013 Q1 IFRSs	2012 Q1 IFRSs	2012 Q1 GAAP	IFRSs YOY (%)	影響數 (%)
益航 （2601）	2,063,106	2,073,341	7,917,883	−0.49	−73.81
遠百 （2903）	11,497,214	11,675,135	30,447,134	−1.52	−61.65
日勝生 （2547）	449,618	380,295	910,138	18.23	−58.22
	①	②	③	$\dfrac{①}{②}-1$	$\dfrac{②}{③}-1$

資料來源：公開資訊觀測站各家公司合併財務報表

收影響數會出現−61.65%的情況，也是受到總額法轉變成淨額法的影響。

此外，近幾年營收獲利表現不俗，頗受投資人青睞的日勝生（2547），受到營收必須在完工交屋時才能認列的衝擊，使2012年第1季的營收影響數達−58.22%的情況，也是未來營建業在台股市場中，必須共同面臨的挑戰。

像這三家企業營收憑空蒸發的情況，在IFRSs新制下的台股市場裡，所在多有。然而，若投資人不知這種情況是因為會計原則變更而造成，可能會以為益航、遠百和日勝生是否做了什麼違

法或經營不當的大事，才讓企業營收大幅下降。手上有持股者，要是不明就裡地拋售，最後待市場弄清楚IFRSs新制的眉角，股價在基本面的支撐下而回升時，投資人必然會「搥心肝」。

非懂不可原因3：權變空間易藏垢

如果，上述的龐大數字衝擊，還不能讓人下定決心要弄懂IFRSs新制，投資人不妨回憶近幾年的「地雷股」事件，特別是與「四大慘業」相關或有交叉持股的企業。它們在地雷引爆前，除了本業經營困難之外，在金融資產投資上（持有轉投資企業股份20%以下者），也頻頻觸礁，但投資人卻無法及時察覺，主要原因就在於企業管理階層不將這些金融資產放在經常性交易，而是列在備供出售項下，成功地讓虧損隱藏在會計原則之後（新制權變規定帶來的影響，詳見第3、5章）。

以新光金（2888）為例，根據媒體報導，它在2011年第2季持有約六千張的宏達電（2498），平均成本在1,100元，原以為會是場成功的趨勢投資，沒想到宏達電在產品競爭力下滑及轉投資企業拖累下，股價一路下探至如今的200元以下。這時，若管理階層將投資宏達電列於經常性交易項下，新光金就必須認列投資虧損。試想，在每張股票損失90萬元的情況，損益表及EPS

（每股盈餘）勢必重傷（新光金102年第2季未實現損益部位仍達300多億元）；但若把這筆投資計入備供出售，就可不即時在損益表上認列投資虧損，而隱藏於股東權益當中。反之，企業管理階層也可以藉由金融資產投資，美化EPS（詳見第3章說明）。

再者，在金融資產本來就容易被隱蔽的情況下，IFRSs新制又為了使企業「更如實反應」經營現況，讓金融資產有已實現和未實現的帳務處理機制，提供企業管理階層更多的權變空間。要是再遇上個「有心操作」的企業管理階層，地雷股的問題就會愈演愈烈。此外，最容易操作的舞弊三賤客——採用權益法之投資、存貨、應收帳款；密密麻麻的財報附註，其實是預言了許多危機……，也都能在財報中見端倪。而學會看懂IFRSs新制財務報表的重要性，便不言可喻。

Chapter **2**

1+1=2？
IFRSs主角登場

接軌 IFRSs 後，第一件事情就是改以「合併」財務報表為主要報表，這和過去以母公司為主要財務報表，在實務上有很大的不同。

一般媒體上的老師講到合併報表，通常簡化說成是「母公司＋子公司」，其實這觀念與 IFRSs 是有出入的。IFRSs 是一開始就以「合併」的角度做為出發點，來編製財務報表。就像存貨、土地不會因為在母公司、子公司之間搬來搬去就增值，在合併的觀點下，僅是集團內部母子公司間的交易，會計師就必須執行沖銷，並揭露沖銷的過程；合併報表股東權益亦不是母公司、子公司相加。如果你聽到有人說，合併報表就是將每個子公司的營收、成本、費用、資產、負債等等會計項目全數加回母公司，那其實沒有徹底了解 IFRSs。

愈複雜且轉投資愈多的集團，併入合併資產負債表的子公司資產、負債，並非完全歸母公司股東所有，還加入了「拖油瓶」（非控制權益）；合併資產負債表若有「採用權益法之投資」，則代表還有關聯企業（持股比例20%至50%）未編入合併報表，此時投資人並未看到集團的全貌。由於多了這二個干擾項目，在財務分析時就必須更小心。

集團在合併綜合損益表中的獲利三支箭，第一支箭為母公司本身（不含子公司、關聯企業）；第二支箭為子公司（持股比

例大於50%）的營收、獲利，要注意的是，獲利第二支箭還要與「淨利歸屬於非控制權益」共享；第三支箭則是對於關聯企業（持股比例20%至50%），按照持股比例認列「採用權益法認列之關聯企業及合資損益之份額」。好好掌握這獲利三支箭，就能掌握企業的獲利引擎。

本章將為你解釋這個看似剪不斷、理還亂的合併報表，你會發現，聽起來很專業的IFRSs，其實不難懂。

2-1

資產負債表

　　每本以財務報表分析為主題或核心的投資理財書，第一個跟大家介紹的財務報表，90%都會是資產負債表（IFRSs下改稱為「財務狀況表」〔Statement of Financial Position〕，但在台灣，仍維持資產負債表一詞，以下為方便說明，統一以新、舊制的資產負債表稱之），本書也不例外。因為，要想利用財報替自己的投資加分，不先弄懂最基礎的資產負債表，就直接殺進股市，就會像個還學不會走，就要學跳的孩子一樣，跌得滿身傷。

　　先別看到數字龐大或項目明細複雜的資產負債表，就嫌麻煩，不願意往下看。因為，資產負債表真正困難的地方，在於確認它的編制是否符合會計原則和法令上要求的「正確性」，這項困難的工作，簽證會計師不只都替投資人完成，還簽上大名，以示負責。所以，拿到財報的眾家投資人，只要學會「看的技巧」，就會發現它一點也不難。

結構比重即可初判企業體質

什麼是資產負債表？簡單的說，就是將企業所擁有的資產、負債和股東權益全部展現出來，而這三者間的關係是「總資產＝負債＋股東權益」，也就是說負債和股東權益的總和，必定等於總資產。若再換個通俗易懂的說法，就是一家企業用了多少的本錢和累積的經營成果（股東權益），以及多少的借款（負債），打造出現有的企業規模（總資產）。因此，投資人可以很清楚地判斷，在一般情況下（如圖2-1-1），投資A公司會比B公司較好一點。因為A公司現有的規模，都是靠自有的本錢和經營績效打拚而成，但B公司的總資產則有大部分是負債墊出來的（負債比

圖2-1-1 資產負債表的結構關係

A公司　　　　　　　　　　　　B公司

率較高）。

　　當然，台灣的上市櫃企業逾1,000多家，產業屬性也大不同，資產、負債和股東權益間的關係也不會這麼簡單，但只要記住這個基本的比例概念，就可以幫投資人做出一個較安全的投資判斷，尤其當A、B兩公司是屬於同一產業的競爭對手時，A公司的投資價值必然比B公司高，投資風險則比B公司低。

　　以在IC設計領域各有擅長的類比科（3438）與通嘉（3588）兩家業者為例（如表2-1-1），兩家公司都沒有一般電子業的固定資產等資本支出包袱，所以流動資產占總資產比例皆高。其中，類比科的負債僅占資產總計的12%，且大多都是流動負債而非長期負債，資產負債表結構較簡單；相對地，通嘉的負債占資產總計比重高於類比科近一倍。但兩家公司的規模有異，且通嘉的股東權益仍高出負債。因此，從財報觀點來看，通嘉亦無負債過高的風險。但若純粹就資產負債表結構來初步評估兩家公司，兩家各有優勢，類比科負債較輕，而通嘉資產流動性較好。

靠關鍵項目看懂資產負債表

　　進一步打開資產負債表後，投資人通常會發現，規模愈大的公司，表格愈長、文字也複雜，最後索性把財報擱一旁，靠著

表2-1-1 類比科 vs. 通嘉的資產負債表結構比較

單位：新台幣千元

民國109年3月31日類比科（3438）資產負債表

資產			負債及股東權益		
會計項目	金額	%	會計項目	金額	%
流動資產	905,746	57	流動負債	197,324	12
固定資產	564,554	35	長期負債	1,215	0
無形資產及其他資產	70,841	5	股東權益	1,400,884	88
資產總計	1,599,423	100	負債及股東權益總計	1,559,423	100

民國109年3月31日通嘉（3588）資產負債表

資產			負債及股東權益		
會計項目	金額	%	會計項目	金額	%
流動資產	1,123,762	71	流動負債	292,456	39
固定資產	397,072	25	長期負債	20,512	1
無形資產及其他資產	38,837	3	股東權益	1,266,440	60
資產總計	1,579,408	100	負債及股東權益總計	1,579,408	100

註：類比科和通嘉因無持股比例>50%的子公司，毋須編製合併報表，故資料取
　　自母公司財報。

「這家公司這麼大，老闆又這麼有名，產業趨勢聽說不錯，股價
的技術線型也好」的想法直接投資，結果有不少投資人，在當年
就是這樣誤買到四大慘業的股票回家。

　　然而，資產負債表上的會計項目雖然多，但投資人真的需要懂的沒幾個。而且過去資產負債表裡的會計項目分類，如圖2-1-2左圖，在IFRSs新制上路後，投資人看到的改為圖2-1-2的右圖。兩者的差異在於，IFRSs新制下的資產負債表，分類上更簡化且強化流動性的概念，所以資產的會計分類從5類改為2類，負債由3類改為2類，而股東權益部分，則採用合併報表的概念表達。

圖 2-1-2 資產負債表項目分類

2013年以前的舊制分類		2013年起的IFRSs新制分類	
資產	**負債**	**資產**	**負債**
流動資產	流動負債	流動資產	流動負債
基金及投資	長期負債	非流動資產	非流動負債
固定資產淨額	其他負債		
無形資產	**負債總計**		**負債總計**
其他資產			
	＋		＋
	股東權益		**股東權益**
	股本		歸屬於母公司業主權益
	資本公積		股本
	保留盈餘		資本公積
	股東權益其他項目		保留盈餘
			其他權益
			非控制權益
	股東權益總計		**股東權益總計**
資產總計	**負債及股東權益總計**	**資產總計**	**負債及股東權益總計**

　　這項增加流動性表述的變革，可讓投資人在解讀企業資產和負債的屬性上，更為便利，卻也提供企業管理階層不少美化財報的操作空間。

　　如果只看會計學課本上對流動性的定義——即持有一年以上的資產屬於非流動，一年以下者屬於流動，並不會覺得這項變革有什麼差別；但實務上，用這個課本定義去區分資產的企業不少，「自行判斷」的企業更多。只要這些「自行判斷」的理由，能夠說服負責簽證的會計師，就能過關。

　　現在，IFRSs新制要求更「忠實反應」資產的流動性，等於是廣開大門，允許企業管理階層可以自行決定要將金融資產（大多為股票）歸類為流動資產或非流動資產。也就是如果管理階層認為某些金融資產短期內應該不會賣出，就會把它列在非流動資產；要是打算把某些金融資產賣出，就會列為流動資產，因此會出現同一個金融資產投資標的，有部分被列為流動，有些被列為非流動的怪象。而這種怪象的「好處」，較外顯的是流動比率變得更漂亮，相對內隱的就是企業的管理階層可以藉此「調整」綜合損益表的數字。至於，如何調整和調整後會產生什麼影響？在本章的綜合損益表篇及第3章會陸續進行說明，與流動比率相關的內容，則在第4章詳述。

資產

在林林總總的分類下，投資人在資產的部分，只要看現金、應收帳款、存貨、金融資產和採用權益法之投資等5項，頂多再加看不動產、廠房及設備。不過，這6項雖然都屬於資產，但只有現金是數字愈大愈好，其他5項則未必。像是應收帳款和存貨過大，可能會有錢收不回來或貨賣不出去的風險；金融資產和採用權益法之投資都可能會有投資虧損的風險，而不動產、廠房及設備，除了土地可能較具有增值性外，廠房和設備數字過大，若不能使營收和獲利雙雙提升，也只是徒增企業的負擔（因借款擴廠），形成表面上是企業的資產，實質上是大包袱的負債。

至於，這些項目的數字，要到多大才算大？則要視該項目占總資產的比例而定。因為有些中小型規模的企業，有1億元的存貨，就是很不得了的事；但也有些資本額大的電子業者，存貨雖已高達百億元以上，占總資產的比例卻不大。

負債

在負債部分，投資人要判斷企業的負債是屬於金融負債（如銀行借款或公司債），還是一般的營業負債（如應付帳款、應付薪資）。要是金融負債太多，顯示這家公司是靠借錢在苦撐，利息壓力也一定不小。假設企業沒有金融負債，只有營業負債，就

代表它只靠股本和經營績效，就能成功地讓企業運轉。

　　從圖2-1-3可發現，仁寶電腦（2324）的應收帳款和存貨比率都相當高。民國109年3月31日的應收票據及帳款（含關係人）高達1,544.69億元，占總資產43.5%，等於是整個公司的資產有近一半在外流浪，還未能收回；而存貨比重雖然不像應收帳款那麼高（占總資產為24.8%），但880億元的金額也是相當可觀。

　　只看一家公司會見樹不見林，我們看看同業龍頭廣達電腦（2382）同期間的財務數字，其應收帳款占總資產為29%，而存貨為27%，我們就可以知道，仁寶電腦的資金週轉表現較廣達電腦差，但在存貨水準上，兩家公司並沒有太大差異（見表2-1-2）。

表2-1-2 廣達的合併資產負債表結構（摘錄）

單位：新台幣千元

民國109年3月31日廣達（2382）合併資產負債表					
資產			負債及股東權益		
會計項目	金額	%	會計項目	金額	%
現金及約當現金	156,486,961	28	短期借款	123,572,858	22
應收帳款淨額	155,151,076	29	應付帳款	179,963,956	32
存貨	150,896,859	27	負債合計	411,687,335	74
資產總計	554,406,903	100	負債及股東權益總計	554,406,903	100

圖2-1-3 民國109年3月31日仁寶電腦合併資產負債表

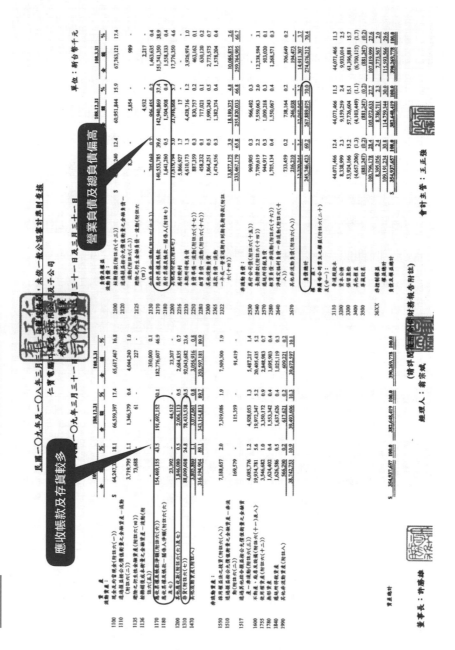

　　同時，仁寶電腦的負債比率也頗高，負債總額占負債與股東權益總計的69.2%，所幸，仁寶電腦絕大多數負債屬於營業負債（如1421.95億元的應付票據及帳款〔含關係人〕），金融負債（短期借款、一年內到期長期負債與長期借款）也達654.86億元。相對來說，廣達電腦卻有較高的金融負債（短期借款為1235.72億元，再加計其他項目，金融負債達1565.90億元）。

　　由此可知，兩家公司各有不同優劣，仁寶電腦有較高的應收帳款風險，而廣達電腦則在金融負債上比重較高，當利率上升時，對廣達電腦的營運績效較為不利。

股東權益

　　此外，在業主權益部分，只要留意企業的股本有多大、有沒有保留盈餘和非控制權益就行。看懂了這幾個重要會計項目在資產負債表中的數字及比重後，投資人就可以掛上聽診器，替企業做經營體質的檢視，看它是新陳代謝良好、步履輕巧的健康企業，抑或是心血管等慢性病一大堆，天天靠吃止痛藥過日子的重病企業。

財報的合併呈現大有玄機

　　除了前一個小節提到的會計項目分類方式外，在IFRSs新制下，資產負債表的重要改變，還有以「合併觀點」取代原有的個體報表方式編制資產負債表。所以，投資人會發現資產負債表中的股東權益，怎麼多了一個沒見過面的新朋友——非控制權益，其實它就是舊制中的「少數股權」。

　　嚴格說來，合併觀點在財報上不是什麼新鮮事，它一直存在著。像是企業轉投資其他企業，持有股權逾50%（含）以上，或雖然持有股權在50%以下，但卻對被投資企業有實質控制能力時，都要將這些被投資子公司的經營情形與母公司的現況加以合併，編製合併的資產負債表（表2-1-3）。

表2-1-3 **轉投資持股在財報上的呈現方式**

持股比例	母公司對轉投資持股影響	母公司報表會計項目及評價方式	轉投資公司資產、負債是否併入合併報表	合併報表會計項目及評價方式
大於50%（含50%）	有控制能力（子公司）	採用權益法之投資	是	一
大於20%，但小於50%	有重大影響力（關聯企業）	採用權益法之投資	否	採用權益法之投資
小於20%	無重大影響力（金融資產）	以公允價值或成本法評價之金融資產	否	以公允價值或成本法評價之金融資產

　　只是，以前大多數的台股投資人，甚至有些證券業的台股或產業分析師，都不具財報合併呈現的觀念，也不重視合併資產負債表，頂多只確認一下母子公司的合併營收是增加，還是減少。所以，有些上市櫃企業，會將不利財報數字或市場投資價值評估的事，都往子公司裡塞，例如母公司資產負債表上的負債少或幾乎零負債，但其實負債等不便見光的事，全都藏在子公司裡。

　　再者，由於台股投資市場普遍缺乏對合併概念的認知，導致坊間對於IFRSs新制的合併觀念，產生誤解。有不少人認為，合併的資產負債表有什麼難的，不就是把子公司的資產、負債和股東權益，統統都加進來。倘若真的這樣想，就大錯特錯了。即使是最單純的母公司對子公司持股為100%時（即圖2-1-4中的案例1），合併的負債，等於母公司、子公司負債相加，但合併的資產、股東權益並不會是二者相加；但現實情況是上市櫃企業的子公司不會只有一家，持股也不會都是100%。

　　舉個簡單的例子，假設母公司對子公司持股為80%時（即圖2-1-4中的案例2），在資產負債表合併呈現時，資產總額在加計子公司資產總額時，母公司必須先減去原先計入的子公司80%股權的採用權益法之投資，以避免重複。同時，由於子公司有20%股權，並不屬於母公司，而是其他投資者的權益，但在資產和負債是全數併入的情況下，為忠實呈現財報資訊及符合會計學

上「總資產＝負債＋股東權益」的恆等式，合併的股東權益部
分，則必須加計子公司20%股東權益，這20%便稱之為非控制
權益，說得白話些，就是「不屬於母公司的他人權益」。

圖2-1-4 母公司對子公司持股在財報上的合併表達

案例1：母公司對子公司持股100%

母公司 資產負債表		子公司 資產負債表		合併資產負債表	
資產總額 500萬 （含採用權益法 之投資70萬①）	負債 200萬	資產總額 100萬	負債 30萬	資產總額 530萬 (500-70+100)	負債 230萬
	股東權益 300萬		股東權益 70萬		股東權益 300萬② (300+70×0%)

①母公司採用權益法之投資70萬＝子公司股東權益70萬×100%
②合併的股東權益300萬＝母公司股東權益300萬＋非控制權益0萬

案例2：母公司對子公司持股80%

母公司 資產負債表		子公司 資產負債表		合併資產負債表	
資產總額 500萬 （含採用權益法 之投資56萬③）	負債 200萬	資產總額 100萬	負債 30萬	資產總額 544萬 (500-56+100)	負債 230萬
	股東權益 300萬		股東權益 70萬		股東權益 314萬④ (300+70×20%)

③母公司採用權益法之投資56萬＝子公司股東權益70萬×80%
④合併的股東權益314萬＝母公司股東權益300萬＋非控制權益14萬

重要觀念

合併的股東權益＝母公司股東權益＋非控制權益

　　因此，如果上市櫃企業合併後的資產負債表，都比較趨近案例1，就表示母子公司彼此心連心，雙方關係十分密切，沒有任何外人介入。如果比較趨近案例2，就表示母子公司之間，還有其他外人存在。

　　案例1、2都是極為簡單的舉例，用意在讓大家明白母子公司在財報上的合併表達，絕不是「1＋1＝2」的粗糙計算，特別是當子公司多到雙手手指都數不完的情況時，合併資產負債表的資訊，就更不易一眼看清。不過，從財報揭示的完整度而言，不管母公司轉投資多少家公司，結果不外乎是表2-1-4所列出的4種情形，且以情形1的合併資產負債表資訊透明度最佳，情形4最差。

　　當在合併資產負債表中，有採用權益法之投資存在*時，就表示母公司對轉投資公司的持股未達需編制合併報表的50%（如

---

*　在ROC GAAP中之長期投資包含：採權益法之長期股權投資、備供出售之金融資產—非流動、以成本衡量之金融資產—非流動⋯⋯等。在IFRSs中改以「非流動資產」表達，其會計項目包含：採用權益法之投資、備供出售金融資產—非流動、以成本衡量之金融資產—非流動。金融資產待3-2節詳述。

前文表2-1-3）。所以，當合併資產負債表中的採用權益法之投資數額很高，尤其是占總資產比重大時，投資人必須有警覺性。因為這就表示母公司旗下的轉投資公司，不管資產負債的情況如何，都沒有在合併報表中揭露。台股市場過去被揭發的重大地雷股，多半都有這種情形。它們利用法規的漏洞，將持股（或交叉持股）刻意降到50%以下，以規避合併報表的編製規定。然後將大規模的負債或不利財報的經營實況，都隱藏在這些轉投資公司裡。當然，有些正派經營且家大業大的上市櫃企業，難免會有情形4的狀態出現，可是他們就算沒有地雷會爆，但資訊太過複雜，也確實不利一般投資人進行投資評估。

表2-1-4 **採用權益法之投資在合併資產負債表中的呈現情形**

情形／評價	母公司對轉投資公司持股	合併資產負債表		資訊透明度
		採用權益法之投資（持股20%至50%）	非控制權益	
情形1	甲公司 100% 乙公司 100%	0	0	最佳
情形2	丙公司 80% 丁公司 100%	0	20%	次佳
情形3	戊公司 100% 己公司 40%	40%	0	次差
情形4	庚公司 80% 辛公司 40%	40%	20%	最差

　　此外，就算有上市櫃企業的採用權益法之投資都屬於情形1，也不表示持有這家股票是絕對安全的，只能說它的財報資訊透明度高，但是否適合投資，要再看有沒有其他不利投資獲利的因子。例如民國108年12月31日，瑞儀光電（6176）和訊連（5203）兩者的合併資產負債表上（見表2-1-5），權益法之投資

表2-1-5 瑞儀光電vs.訊連的採用權益法之投資情況比較

單位：新台幣千元

案例1：民國108年12月31日瑞儀光電（6176）財報資訊								
財報資訊	採用權益法之投資		負債		股東權益		非控制權益	
	金額	%	金額	%	金額	%	金額	%
母公司資產負債表	22,678,745	64	8,258,693	23	27,428,878	77	–	–
合併資產負債表	0	–	23,109,977	46	27,428,878	54	0	–

案例2：民國108年12月31日訊連（5203）財報資訊								
財報資訊	採用權益法之投資		負債		股東權益		非控制權益	
	金額	%	金額	%	金額	%	金額	%
母公司資產負債表	1,606,029	31	925,252	18	4,180,587	82	–	–
合併資產負債表	442,522	8	1,314,124	24	4,180,587	76	0	–

註：案例1、案例2中採用權益法之投資偏低，非控制權益＝0，資訊透明度佳。

的比例很低，股東權益的金額在合併前後也無差異，表示沒有非控制權益存在。因此，兩家公司對子公司都是100%持股，沒有其他投資人居中。但值得注意的是，股東權益占資產總計的比例卻有差別，顯示出合併之後，負債皆有上升的情況。但訊連的負債比重不多，尚屬合理範圍；瑞儀光電的負債比重增加近23%（即由23%增至46%），增幅過大，且光是短期負債金額就差很大。瑞儀光電母公司資產負債表上的短期借款為0千元，合併後則爆增至8,886,248千元，突顯出負債都藏在子公司的情況。即使這些負債是因應產業擴展需求且無違法事宜，但比重仍然偏高。

綜合損益表

　　若將台股投資人依投資習性及個人的資訊偏好進行簡單分類，大約可分為總體面、基本面、籌碼面、技術面和消息面（就是聽明牌）等五大派，但無論是哪一派的投資人，損益表都是大家較常看，也比較看得懂的一份財務報表。

　　再者，現在網路資訊豐富且方便，從入口網站，如Yahoo奇摩；綜合新聞網，如聯合新聞網、中時新聞網；財經新聞網，如鉅亨網……等，都有提供上市櫃公司的財務報表資訊，因此「看得懂」損益表，就不算是什麼難事。

　　但是，大家真的看懂了嗎？或者說，看出眉角了嗎？

　　從損益表最頂端的營業收入到最後一欄的EPS之間，看似簡單，但在實務上，其實暗藏玄機，很容易被有心人包裹上甜蜜的糖衣；再者，IFRSs是從資產負債表的變化差異來得到綜合損益表的結果，這將顛覆過去我們習以為常的傳統思維。資產負債表會計項目，如何影響綜合損益表的EPS，將於第3章作深入探討。

　　以圖2-2-1和圖2-2-2為例,網站將上市櫃企業損益表中的資訊匯整成表、把營收和稅後盈餘及其年增率製成圖,確實簡明易

圖 2-2-1 Yahoo! 奇摩股市個股資訊摘錄──公司資料(以台積電為例)

獲利能力(109年第1季)		最新4季每股盈餘		最近4年每股盈餘	
營業毛利率	51.77%	109年第1季	4.51元	108年	13.32元
營業利益率	41.38%	108年第4季	4.47元	107年	13.54元
稅前淨利率	42.55%	108年第3季	3.90元	106年	13.23元
資產報酬率	5.10%	108年第2季	2.57元	105年	12.89元
股東權益報酬率	7.10%	每股淨值:	64.64元		

圖 2-2-2 Yahoo奇摩網站個股資訊摘錄──營收盈餘(以台積電為例)

資料來源:Yahoo! 奇摩網站

懂，也非常方便，但用來看台積電（2330）這種台股優等生還算安全，若是其他企業，就未必是好方法。

原因在於，光看精簡歸納後的營收數字和每股盈餘（EPS），是看不出企業的經營實際績效。畢竟，從損益表最頂端的營業收入（或稱銷貨收入）到最後一欄的EPS之間，藏了太多資訊，一個不小心，投資人就會被漂亮的數據迷惑，最後成為長年的「總統套房」住客。

所以，網路上各種關於損益表的匯整式資訊雖然便利，但我還是建議投資人練就看懂損益表（新制改稱綜合損益表，含括既有的損益表加計其他綜合損益，以下為方便說明，統一以新、舊制的損益表稱之）的基本功。況且，這套基本功只需精通三招即可！

與經營小吃攤相同的盈虧計算

在講解如何看懂綜合損益表三招之前，還是要先讓大家熟悉一下損益表的邏輯、結構與長相。

基本上，損益表的邏輯比起其他財務報表來得簡單，也就是將企業的營業收入，再加計其他收入，並減去成本、費用和所得稅，算出淨賺多少。這個經營獲利的計算邏輯，晶圓大廠和鹽酥

雞、蚵仔麵線、包子鍋貼的小攤都一樣。

　　就結構而言，則可以圖2-2-3來做二階段的拆解。首先，將營業收入扣除營業成本後，可獲得營業毛利。接著，營業毛利再繼續往下扣除營業費用及營業外費用和所得稅，並加入營業外收入後，就可得出當期的淨利，也就是從營業毛利逐漸收斂到淨利。若收斂幅度不大，表示營業毛利與本期淨利間的差異小，企業的經營績效和獲利較佳；反之，若收斂幅度大，本期淨利偏低，就表示企業有可能白忙了大半天，並沒真正的賺到錢。

圖2-2-3 損益表結構關係

精通三招就能看懂損益表

　　弄清楚損益表的結構之後，投資人就可以大步跨進損益表的世界，看看在新聞報導的數字背後，還有什麼情況是新聞沒能說清楚、講明白，但卻會影響投資獲利的重要關鍵。

第1招：成本毛利看分明

　　在前述說明損益表結構時也提到，「營業收入－營業成本＝營業毛利」的概念。就這個數學式來看，投資人可以很輕易地理解成本和毛利間的關係是「當成本愈高時，毛利愈小」。因此，當新聞報導某上市企業的營收創新高時，投資人先別忙著高興，而是要確認企業的毛利是否也一樣創新高？若是，就可以往下細看企業獲利故事的原因，仔細評估投資的價值；若否，可以就此打住。

　　然而，依目前相關法規規定，上市櫃企業必須在每月10日之前，公告上個月的營業額，但細部的損益表資訊，最快也得等到季報公布時才能看得到。也就是說，投資人雖然在9月10日前會獲得企業8月營收「創新高」的訊息，但第3季（7至9月）的損益表，得等到第3季結束後的45天，也就是11月14日（此為IFRSs新制規定）左右才公布。但就因為營收和損益表資訊揭露

前後差了這麼多天，有不少投資人便常會被營收數據騙進場，傻呼呼地跟著追高，最後又因財報公布後的獲利「不如預期」，而跟著殺低賣出。

那麼，要怎麼避免這種情況呢？關鍵是，我們必須了解企業的成本vs.毛利間比例關係。以圖2-2-4的類比科（3438）民國108年的綜合損益表為例，可發現營業收入的數字雖然比前一年高，但營業成本占營業收入的比重也比前一年下降了9%，顯見在這2年間，其成本和獲利結構出現了變化。

一般而言，除非產業有重大發展和衝擊，或者是個別企業在經營上有很大的躍進或經營失誤，否則這個比例關係不會有太大的變化。所以，投資人在聽到某某企業營收大爆發時，不妨攤開近幾季的損益表來看毛利率是否持續下降；如果營業成本占營業收入向來偏高時，就別急著為企業的營收故事買單。

至於，營業成本占營業收入的比重多少算高？不同產業的情況各異，無法一概而論，但同一產業的不同企業相比，營業成本占營業收入愈低的企業，經營績效相對較佳。倘若營業成本占營業收入的比重，呈現逐年或逐季下降的情況，就表示營業毛利有上升的趨勢，自然更具投資價值。

圖2-2-4 類比科技損益表（民國108年）

台灣類比科技股份有限公司及子公司
合併綜合損益表
民國108年及107年1月1日至12月31日

單位：新台幣仟元
（除每股虧損為新台幣元外）

項目	附註	108 年 度 金額	%	107 年 度 金額	%
4000 營業收入	六(十七)及七	$ 1,069,647	100	$ 1,052,369	100
5000 營業成本 【第1招】	六(四)(二十一)(二十二)及七	(745,930)(	70)	(834,022)(	79)
5900 營業毛利		323,717	30	218,347	21
營業費用 【第2招】	六(二十一)(二十二)				
6100 推銷費用		(28,793)(	3)(	24,803)(	2)
6200 管理費用		(59,172)(	5)(	72,153)(	7)
6300 研究發展費用		(242,863)(	23)	247,488)(	24)
6000 營業費用合計		(330,828)(	31)(	344,444)(	33)
6900 營業損失		(7,111)(	1)(	126,097)(	12)
營業外收入及支出 【第3招】					
7010 其他收入	六(十八)	9,362	1	19,575	2
7020 其他利益及	六(十九)	(6,438)(	1)	15,240	1
7050 財務成本	六(二十)	(185)	-	2,019)(	-
7000 營業外收入及支出合計		2,739	-	32,796	3
7900 稅前淨損		(4,372)(	1)(	93,301)(	9)
7950 所得稅(費用)利益	六(二十三)	(685)	-	844	-
8200 本期淨損		($ 5,057)(	1)($	92,457)(	9)
其他綜合損益					
不重分類至損益之項目					
8311 確定福利計畫之再衡量數	六(十二)	($ 2)	- ($	2,024)	-
8316 透過其他綜合損益按公允價值衡量之權益工具投資未實現評價損益	六(五)(十六)	(2,076)	- (	686)	-
8310 不重分類至損益之項目總額		(2,078)	- (	2,710)	-
後續可能重分類至損益之項目					
8361 國外營運機構財務報表換算之兌換差額	六(十六)	(189)	- (	204)	-
8360 後續可能重分類至損益之項目總額		(189)	- (	204)	-
8300 其他綜合損益(淨額)		($ 2,267)	- ($	2,914)	-
8500 本期綜合損益總額		($ 7,324)(	1)($	95,371)(	9)
淨利歸屬於：					
8610 母公司業主		($ 5,057)(	1)($	92,457)(	9)
綜合損益總額歸屬於：					
8710 母公司業主		($ 7,324)(	1)($	95,371)(	9)
基本每股虧損					
9750 基本每股虧損	六(二十四)	($ 0.08)($		1.37)	
稀釋每股虧損					
9850 稀釋每股虧損	六(二十四)	($ 0.08)($		1.37)	

後附合併財務報表附註為本合併財務報告之一部分，請併同參閱。

董事長：吳錦川　　經理人：林登財　　會計主管：許君怡

~12~

收入及費用對損益表，乃至於當期淨利的影響，往往是「不中則已，一中就驚人」的態勢。

舉個簡單的例子，傳產類的上市櫃企業，例如紡織、農林畜牧業等老公司，手上都持有早年以較低成本購進的大片土地，現今無論是直接出售獲利，抑或是以參與土地開發案等方式出手（如台股市場最為「長壽」的土地開發題材——裕隆新店廠區），企業都可以獲得相當可觀的營業外收入。像是早年以茶葉相關業務為主的農林（2913），本業獲利平平無奇，甚至時有虧損情況，但近年來都靠處分土地獲利，撐住當期淨利。就民國101年合併損益表來看，處分土地獲利就高達8.25億元（占營收比重36%），連帶使淨利大增，貢獻1元以上的EPS（民國101年稅後EPS為1.52元）。

除了處分土地獲利之外，最常在營業外收入項目下出現的，還有企業持股20%以下的轉投資，稱之為企業的金融資產（此部分的詳細分析，在本章下一節及第3章另有說明），再直接一點，就是指企業的股票投資。當然，企業從事股票投資也和一般民眾相同，有賺有賠。看準了趨勢及時機買賣股票，大賺一筆，對本期淨利有正面挹注，但要是看走了眼，大賠一場，也會損及EPS。

此外，持股20%至50%的轉投資，稱之為企業的關聯企業，這些關聯企業的淨利或淨損，企業也要按照對這些關聯企業的持股比例，認列投資損益。這就是在舊制中鼎鼎大名的「權益法的投資損益」，在新制下改稱為「採用權益法之關聯企業及合資損益之份額」。

最後，在這個部分要特別留意的，就是匯兌收益及損失。由於台灣屬於出口導向型經濟體，絕大多數的上市櫃企業產品都會因為出口，而遭受台幣與國際貨幣（如美元）間的匯兌風險，碰上匯兌波動大的時期，有些企業甚至由盈轉虧或由虧轉盈。就拿類比科為例，民國100年的匯兌收益多達2,000多萬元（占營收比重2%），但民國101年不但沒有匯兌收益，還出現1,600多萬元的匯損，吃掉不少當期淨利。股王大立光（3008）在109年第2季，光匯損就高達9.1億元，佔EPS 6.7元，相當驚人。

綜上所述，處分土地收益、金融資產投資、權益法的投資損益及匯兌收益和損失，看似與上市櫃本業無多大相關，但它的麻煩之處就在於這些多屬於單次事件，不見得年年都有，但只要一發生，就會直接影響本期淨利及EPS，讓人不能小覷。

上市櫃企業號稱高營收的背後，到底有沒有獲利？又是靠什麼而賺錢？讀者在學會了分析損益表的這三招後，相信都難不倒你。而列在損益表表尾的EPS是虛胖，還是真正有料，也都能輕易辨別出來。

什麼是稀釋EPS？

損益表最末端的基本EPS與稀釋EPS，數字差不多，新聞報導及電視股市名嘴都很少提及，所以大家對兩者間的關係不甚了解，預多看得出稀釋EPS數字比基本EPS少一些。稀釋EPS會較小，是因為它將可轉換公司債、可轉換特別股及員工認股權都假設為已轉換，因此把股數算進分母中，再與本期淨利相除。

同樣的分子（本期淨利），碰上變胖的分母（總股數），計算出來的稀釋EPS自然就比基本EPS少。在一般情況下，投資人可以忽略稀釋EPS，但若聽到「轉換」或要實施員工認股時，就得特別留意，因為只要真正執行，EPS就會真的變少。以威剛（3260）為例，民國102年第1季基本EPS為3.2元，因為已發行的應付公司債尚有6.678億元，若按轉換價格45.8元轉換，分母（總股數）將會增加14,581千股（6.678億／45.8元），由於稀釋EPS減少了0.2成為3元，影響不大，這些資訊投資人在綜合損益表上可以事先掌握。

看出報表合併呈現下的獲利門道

　　在上一節的資產負債表中，曾提到IFRSs新制下的財務報表都採用「合併觀點」，且不能用極簡化的「1＋1＝2」概念去理解，合併損益表的情況亦然，在將子公司的營業收入等資訊併入母公司時，也得把不屬於母公司權益的部分扣除。就圖2-2-5案例1的情況來看，無論子公司有多少家，只要是母公司對子公司持股達100%時，合併損益表可直接將母子公司的營業收入等數據相加計算，但如果持股未達100%時，情況就沒有這麼簡單。

　　假設母公司有二家轉投資公司A、B，持股分別是80%、40%。母公司因為持有子公司A的股份超過50%，依法令規定，必須把子公司的營收編入合併損益表中，而關聯企業B則因持股比重較少，只需依據關聯企業B的淨利，按持股比例認列投資收益*。

　　於是，在合併損益表的呈現上，會出現圖2-2-5案例2的現象。也就是在加計母公司和子公司A的數據後，必須扣除子公司A中，不屬於母公司所有的20%利益，也就是60萬元；同時，也必須加入關聯企業B中，屬於母公司擁有的40%的投資收益，也就是16萬元，因此得到合併報表中本期淨利歸屬於母公司業主為436萬元。

---

* 投資收益為「採用權益法認列之關聯企業及合資損益之份額」的簡稱。

圖2-2-5 合併損益表案例說明

案例1：母公司對子公司持股100%

母公司 損益表概算		子公司 損益表概算		合併損益表概算	
營業收入	1,000萬	營業收入	400萬	營業收入	1,400萬
－營業成本	800萬	－營業成本	90萬	－營業成本	890萬
－營業費用	20萬	－營業費用	10萬	－營業費用	30萬
營業淨利	180萬	營業淨利	300萬	營業淨利	480萬
＋投資收益	300萬①	＋投資收益	－	＋投資收益	－
本期淨利	**480萬**	本期淨利	300萬	淨利歸屬於母公司業主	480萬

①投資收益300萬＝300萬×100%

案例2：母公司對子公司A持股80%、關聯企業B持股40%

母公司 損益表概算		子公司A 損益表概算		關聯企業B 損益表概算	
營業收入	1,000萬	營業收入	400萬	營業收入	100萬
－營業成本	800萬	－營業成本	90萬	－營業成本	50萬
－營業費用	20萬	－營業費用	10萬	－營業費用	10萬
營業淨利	180萬	營業淨利	300萬	營業淨利	40萬
＋投資收益	256萬②	＋投資收益	－	＋投資收益	－
本期淨利	**436萬**	本期淨利	300萬	本期淨利	40萬

②投資收益256萬＝300萬×80%＋40萬×40%

合併損益表概算

營業收入	1,400萬
－營業成本	890萬
－營業費用	30萬
營業淨利	480萬
＋投資收益	16萬（40萬×40%）關鍵指標1
本期淨利	496萬（180萬＋300萬×100%＋40萬×40%）

淨利歸屬於：
母公司業主 436萬（180萬＋300萬×80%＋40萬×40%）獲利三支箭
非控制權益 60萬（300萬×20%）關鍵指標2

> **重要觀念**
>
> 合併報表淨利歸屬於母公司業主＝母公司淨利
> 合併報表EPS　　　　　　　＝母公司EPS

　　不管母公司投資多少家轉投資，結果不外乎是表2-2-2所列出的4種情形，且以情形1的合併綜合損益表資訊透明度最佳，情形4最差。圖2-2-5案例2即為情形4，最為複雜。

表2-2-2 採用權益法認列之關聯企業及合資損益之份額在合併綜合損益表中的呈現情形

情形／評價	母公司對轉投資公司持股	合併綜合損益表		資訊透明度
		採用權益法認列之關聯企業及合資損益之份額（持股20%至50%）	淨利歸屬於非控制權益	
情形1	甲公司 100% 乙公司 100%	0	0	最佳
情形2	丙公司　80% 丁公司 100%	0	20%	次佳
情形3	戊公司 100% 己公司　40%	40%	0	次差
情形4	庚公司　80% 辛公司　40%	40%	20%	最差

最後，匯總表2-1-4與表2-2-2，於表2-2-3中提供二個合併報表分析的關鍵指標，關鍵指標1代表的是合併報表中還有多少關聯企業（持股20%至50%）的資產、負債、收入與費用未編入合併報表；關鍵指標2代表的是已編入合併報表子公司（持股>50%）的資產、負債、收入與費用，有多少屬於非控制權益。二個關鍵指標愈小，資訊透明度愈佳。

表2-2-3 合併資產負債表與合併綜合損益表的二個關鍵指標

關鍵指標	合併資產負債表	合併綜合損益表
關鍵指標1	採用權益法之投資	採用權益法認列之關聯企業及合資損益之份額
關鍵指標2	非控制權益	淨利歸屬於非控制權益

新舊制損益表「表面差異小」

在合併觀點之外，就財務報表外觀（含會計項目分類）及編制上的變動性而言，損益表在IFRSs新制下，看似變化不大，就如表2-2-4所呈現，刪除了非常損益及會計原則變動之累積影響數，並新增了其他綜合損益。

先看看刪除的這兩項，對企業的會計帳有什麼影響？舊制中的非常損益，就如字面意義，是「非常態」事件造成的損失或收

表2-2-4 損益表新舊制差異

2013年以前的舊制	2013年起的IFRSs新制	簡稱
營業收入	營業收入	
營業成本	營業成本	
營業毛利	營業毛利	
營業費用	營業費用	
營業利益	營業利益	
營業外收入及支出	營業外收入及支出	NI
繼續營業單位稅前淨利	稅前淨利	
所得稅費用	所得稅費用	
繼續營業單位淨利	繼續營業單位本期淨利	
停業單位損益	停業單位損益	
本期淨利	本期淨利	
普通股每股盈餘	每股盈餘	EPS (註)
非常損益	新增—其他綜合損益	OCI
會計原則變動之累積影響數	新增—本期綜合損益總額	CI

註：EPS只計算NI，不計算OCI。

重要觀念

綜合損益 ＝ 本期淨利 ＋ 其他綜合損益
　CI　 ＝ 　NI　 ＋ 　OCI
（新制）　　（舊制）

益，例如地震、火災、颱風等重大意外災害，國外政府的沒收，或是由於政府新頒法規禁止經營等情形，導致企業經營上產生損失，都屬於此類。而在IFRSs新制上路後，未來若發生這類損失或收益時，都列入營業外收入及支出計算。所以，非常損益只是名稱剔除，改以營業外收入及支出認列，但「貌不驚人」的會計原則變動之累積影響數遭刪除，則是別有洞天。

過去，企業所使用的會計原則有變更時，考量到帳面必須「忠實呈現」經營實況，企業就得把變動對過去的影響數據統計出來後，在當期損益表中認列。但實施IFRSs新制之後，企業若進行會計原則變更，就必須重新編制受到影響的相關年度財務報表，以便維持不同期間財報資訊的可比較性。但固定資產的折舊方法變更，視為「估計變動，不溯既往」，所以它的變動不需調整過去，只要調整未來就好。

「估計變動、不溯既往」的差異太拗口、看不懂？沒關係，直接看上市櫃企業怎麼做。

以砷化鎵元件代工廠穩懋（3105）為例，原本的廠房設備折舊年限為5到10年，但穩懋考量到砷化鎵產業技術發展快速，未來在處分或報廢現有設備時，會因尚有許多折舊未攤提，設備帳面價值仍高，形成鉅額損失。索性就搭IFRSs新制順風車，將設備折舊年限縮短為5年。因此，穩懋近幾年的折舊費用會比舊制

提高許多，尤其是認列影響數的2013年，其折舊費用會大增，連帶使淨利明顯縮水。市場預估，2013年暴增至4.6億元的折舊費用，會使穩懋的EPS少掉0.5元。

瞧瞧看，只是稍稍調整投資人很少注意的折舊費用，就能讓EPS消失0.5元，可見「不溯既往」的威力有多大。反之，若有企業在IFRSs新制下，將折舊年限延長，則當年度的折舊費用就會大減，企業的EPS就會變得漂亮不少，讓投資人誤以為企業當年度獲利成長。

然而，將折舊年限調短或延長，是否就代表企業一定潛藏什麼不可告人的心思（如炒股），必須視個別情況進行判斷，不能一竿子打翻一船人，但這個調整未來的思維，看起來頗省事，實際上亦給企業更大的操作空間。

IFRSs 的OCI超有戲

嚴格說來，IFRSs新制刪除的非常損益、會計原則變動之累積影響數，對台股投資人而言，有些平淡無奇，畢竟企業不管年年因天災受創，亦不會時常變動會計原則。可是，新增的其他綜合損益就不同了！

在舊制下的損益表，著重在呈現企業當期收入和支出（損失）間的情況，而較為複雜的損益關係，則多半呈現在資產負值表的股東權益中，例如員工福利的精算、備供出售金融資產的未實現損益等。

然而IFRSs新制的綜合損益表，希望能更充分揭露股東權益的變化及企業的經營管理績效，所以將原本僅列在股東權益其他項目，也列進合併綜合損益表中。

圖2-2-6 備供出售金融資產損益說明

而在這些進入綜合損益表內的新同學們中，最容易讓投資人忽略且上市櫃企業管理階層有較多操作空間的，莫過於是按公允價值衡量且公允價值變動列入其他綜合損益的金融資產的未實現評價損益（金融資產的衡量詳細說明，請見第3章）。

透過其他損益認列的金融資產，簡單地說，就是企業打算長

期持有，不會任意賣出的股權或其他金融投資。也正因為「不打算賣」，所以損益未立即實現，企業也不必在EPS上認列投資收益或虧損。

以圖2-2-6的情況為例，假設某企業於3月15日時，買進A公司股票，當時股價為100元，至5月及7月中旬時，因為企業仍將A公司股票列為透過其他損益認列的金融資產，所以A公司股價下跌時，企業在綜合損益表上的其他損益會揭露有金融資產的評價損失。「吼──老師，IFRSs也太杞人憂天了吧，股票本來就波動大，股價上上下下是再正常不過的事，等到賣出的那天，有賺到就好啦！」課堂上，有個在金融業任職的學生這麼回答我，但他只說對了一半。

確實，在新制IFRSs規定下，其他綜合損益在其損益的事實處分前，無論其損益金額有多大，都不會影響EPS，但不代表投資人可以對它視而不見。大家不妨試想，如果把A公司換成四大慘業的任一家或是股價成本為1,100元的宏達電（2498），相信任何人都輕鬆不起來。

在過去的舊制中，台灣的上市櫃企業在踩到地雷後，企業管理階層默默地將這些投資列為備供出售金融資產，最後再偷偷認列損失者，多不勝數。手法較高超的管理階層，還會在企業獲利情況良好時，同步認列投資損失，讓人不易查覺。不過現在新制

IFRSs實施，再也沒有這種操控損益的方式。

　　儘管其他綜合損益不列在EPS當中，站在投資必須制於機先的考量下，長期追蹤IFRSs新制的綜合損益表的其他綜合損益變化，是台股投資的密技之一。

賺很大的其他綜合損益

　　如果你還是以為OCI永遠不影響EPS，所以完全忽略它，現在你可以來看看這個例子。聯發科（2454）是台灣IC設計公司龍頭，109年第1季EPS 3.64元，比去年同期的2.17元成長了67％。季營收跟去年比大約成長15％，但由於毛利率與營業利益率的上升，使得EPS成長。我們再來看一下它的綜合損益表（圖2-2-7）。聯發科第1季淨利為58億元，可是綜合損益表中「當季」的透過其他損益衡量的金融資產的未實評價現利益居然高達85億元。這表示華碩只要公司政策需要的時候，公司把金融資產變現，就能夠獲得相當高額的處分利益。

圖 2-2-7 聯發科合併綜合損益表（民國109年的第1季）

代碼	項目	附註	一〇九年第一季 金額	%	一〇八年第一季 金額	%
4000	營業收入	六.21及七	$ 60,862,975	100	$ 52,721,892	100
5000	營業成本	六.7、六.24及七	(34,625,872)	(57)	(31,248,748)	(59)
5900	營業毛利		26,237,103	43	21,473,144	41
6000	營業費用	六.22、六.23、六.24及七				
6100	推銷費用		(3,567,359)	(6)	(2,165,533)	(4)
6200	管理費用		(1,542,399)	(3)	(1,554,990)	(3)
6300	研究發展費用		(15,336,091)	(25)	(14,606,531)	(28)
6450	預期信用減損利益		11,035	-	22,582	-
	營業費用合計		(20,434,814)	(34)	(18,304,472)	(35)
6900	營業利益		5,802,289	9	3,168,672	6
7000	營業外收入及支出					
7010	其他收入	六.25	1,333,768	2	1,175,783	2
7020	其他利益及損失	六.26	(52,644)	-	142,142	-
7050	財務成本	六.27	(297,984)	-	(449,450)	(1)
7060	採權益法認列之關聯企業損益之份額	六.9	(55,179)	-	(32,416)	-
	營業外收入及支出合計		927,961	2	836,059	1
7900	稅前淨利		6,730,250	11	4,004,731	7
7950	所得稅費用	四及六.29	(925,775)	(1)	(588,709)	(1)
8200	本期淨利		5,804,475	10	3,416,022	6
8300	其他綜合損益					
8310	不重分類至損益之項目	六.9、六.28及六.29				
8311	確定福利計畫之再衡量數		-	-	(15)	-
8316	透過其他綜合損益按公允價值衡量之權益工具投資未實現評價損益		8,581,234	14	8,531,744	16
8320	採用權益法認列之關聯企業及合資之其他綜合損益之份額		78,151	-	547,990	1
8349	與不重分類項目相關之所得稅		(1,013,835)	(1)	(808,241)	(1)
8360	後續可能重分類至損益之項目					
8361	國外營運機構財務報表換算之兌換差額		165,216	-	867,030	2
8367	透過其他綜合損益按公允價值衡量之債務工具投資未實現評價損益		(32,219)	-	37,546	-
8370	採用權益法認列之關聯企業及合資之其他綜合損益之份額		(428,857)	(1)	697	-
	本期其他綜合損益(稅後淨額)		7,349,690	12	9,176,751	18
8500	本期綜合損益總額		$ 13,154,165	22	$ 12,592,773	24
8600	淨利歸屬於：					
8610	母公司業主 ❶ 用以計算EPS	六.30	$ 5,715,297		$ 3,405,702	
8620	非控制權益 ❷	六.31	89,178		10,320	
			$ 5,804,475		$ 3,416,022	
8700	綜合損益總額歸屬於：					
8710	母公司業主 ❸		$ 13,091,141		$ 12,563,999	
8720	非控制權益 ❹		63,024		28,774	
			$ 13,154,165		$ 12,592,773	
9750	基本每股盈餘(元)	六.30				
9710	本期淨利		$ 3.64		$ 2.17	
9850	稀釋每股盈餘(元)	六.30				
9810	本期淨利		$ 3.61		$ 2.15	

（請參閱合併財務報表附註）

董事長：蔡明　　　　　　　經理人：蔡力　　　　　　　會計主管：顏光

- 6 -

圖 2-2-8 聯發科期末持有有價證券情形（民國109年第1季）

持有公司	有價證券	有價證券名稱	相關科目	單位數/股數	帳面金額	持股比例	公允價值	備註
聯發軟件技術(深圳)有限公司	資本	上海聞泰創芯投資合夥企業(有限合夥)	透過其他綜合損益按公允價值衡量之權益工具－非流動	-	CNY 10,051,200	-	CNY 10,051,200	-
		上海武嶽峰二期集成電路股權投資合夥企業(有限合夥)	透過其他綜合損益按公允價值衡量之權益工具－非流動	-	CNY 11,302,661	-	CNY 11,302,661	-
	基金	中國工商銀行"如意人生IV期淨穩淨利益A款人民幣理財產品	強制透過損益按公允價值衡量之金融資產－流動	-	CNY 32,370,154	-	CNY 32,370,154	-
		中國工商銀行"如意人生III"(B款)人民幣理財產品	強制透過損益按公允價值衡量之金融資產－流動	-	CNY 43,500,000	-	CNY 43,500,000	-
立錡科技(股)有限公司	股票	瑞晟動能(股)有限公司	透過其他綜合損益按公允價值衡量之權益工具－非流動	16,000,000	$ 75,200	9%	$ 75,200	-
立錡投資(股)公司	股票	Asia Global Venture Capital II	強制透過損益按公允價值衡量之金融資產	1,000,000	$ 24,306	10%	$ 24,306	-
匯發國際(香港)有限公司	股票	深圳市匯頂科技(股)公司	透過其他綜合損益按公允價值衡量之權益工具－非流動	14,831,128	USD 518,178,374	3%	USD 518,178,374	-
		深圳市匯頂科技(股)公司	透過其他綜合損益按公允價值衡量之權益工具－非流動	31,216,205	USD 1,090,649,501	7%	USD 1,090,649,501	-
聯發科技(上海)有限公司	資本	上海聞泰創芯投資合夥企業(有限合夥)	透過其他綜合損益按公允價值衡量之權益工具－非流動	-	CNY 10,051,200	-	CNY 10,051,200	-
		深圳市源渠信息技術有限公司	透過其他綜合損益按公允價值衡量之權益工具－非流動	-	CNY 200,000	-	CNY 200,000	-
	基金	中國工商銀行"如意人生"V24通越人民幣理財產品	強制透過損益按公允價值衡量之金融資產－流動	-	CNY 20,000,000	-	CNY 20,000,000	-
		中國工商銀行"如意人生II-B款	強制透過損益按公允價值衡量之金融資產－流動	-	CNY 9,000,000	-	CNY 9,000,000	-
		中國工商銀行"II月月紅"	強制透過損益按公允價值衡量之金融資產－流動	-	CNY 18,000,000	-	CNY 18,000,000	-
		中國工商銀行(F)款人民幣理財產品	強制透過損益按公允價值衡量之金融資產－流動	-	CNY 20,000,000	-	CNY 20,000,000	-
MediaTek India Technology Pvt. Ltd.	股票	Spice Mobility Ltd.	透過其他綜合損益按公允價值衡量之權益工具－非流動	19,368,439	INR 59,073,739	9%	INR 59,073,739	-
聯發中國有限公司	債券	Callable Ranga Accrual Note	強制透過損益按公允價值衡量之金融資產－非流動	-	USD 9,000,000	-	USD 9,000,000	-
昇星軟件時份(深圳)有限公司	基金	招商銀行結構性存款	強制透過損益按公允價值衡量之金融資產－流動	-	CNY 41,700,000	-	CNY 41,700,000	-
		富邦華一銀行月華益三號	強制透過損益按公允價值衡量之金融資產－流動	-	CNY 50,000,000	-	CNY 50,000,000	-
MTK Wireless Limited (UK)	資本	HEVC Advance LLC	透過其他綜合損益按公允價值衡量之權益工具－非流動	-	GBP 2,138,889	-	GBP 2,138,889	-
		月利率19110431	強制透過損益按公允價值衡量之金融資產－流動	-	CNY 40,000,000	-	CNY 40,000,000	-

（單位：新台幣仟元/美金元/人民幣元/印度盧比/英鎊元）

　　實事求是的投資人絕對不會只看到這個數字就感到滿足，依照慣例我們立刻往下查詢附註六9、28與29的相關內容。不過附註六並沒有足夠訊息讓我們進一步分析。

　　皇天不負苦心人，整份報表看到最後，我們找到附表三的期末持有有價證券情形（見圖2-2-8）。聯發科持有的金融資產相當複雜，但是我們投資要抓重點，首先找金額最大的，全部瀏覽一遍，就會發現子公司匯發國際（香港）有限公司股票持有的深圳市匯頂科技（股）公司股權總共有46,047,333股，公允價值高達16億美元，折合新台幣480多億元。

　　對於股本158億的聯發科來說，這相當於三個股本，這筆投資獲利真是驚人。這表示我們只要打破財報看到底，一定可以找到許多公司各方獲利的蛛絲馬跡。

圖 2-2-9 聯發科109年第1季的買賣同一有價證券表

而這個由聯發科投資的金雞母匯頂科技（SH: 603160）在深圳交易所掛牌，2019年市值大漲至千億元人民幣，成為大陸首家突破千億市值IC設計公司，光2019年一年之內股價就由78元大漲到388元，這也難怪會成為聯發科占比很高的金融投資。

像利益這種來自於可交易的上市櫃公司的股票，對我們分析者來說真是天大的好消息，因為這潛在的利益是真的！不是來自於看不到的子公司、孫公司，更不是什麼名不見經傳的海外金融商品或是未上市股票，上市櫃公司的股票流動性相當高，算是A級的金融資產。

讀者或許會說，有些企業持有那些股票可能只是為了掌握股權，持股長期不會大幅變動，既然不賣沒有處份就不該算是利益。這樣的想法也很正確，不過透明度很高的OCI對我們來說，除了有價證券持續增值會提升公司的股東權益，一旦公司出現營運波動或是需要發放高比率的配息現金的時候，這些價值很高的

有價證券就會是相當強的資金後盾，整體來說會提升法人或市場對於公司的評價。雖然評價或處份沒有算在EPS當中，但至少看起來讓人很舒服，而且沒有作假。

你發現了嗎？IFRSs制度下，有些影響EPS的利益可能是的，有些不影響EPS的利益卻很可能是實的。認識這些虛虛實實的財務分析邏輯，正是你學習基本面分析最重要的關鍵！

2-3

現金流量表

　　大多數習慣依賴簡式財務報表數字做選股決策的投資人，在閱讀財報資訊時，第一優先會找損益表來看，確認營業收入、營業毛利或EPS數字如何，倘若有出現「創新高」的好表現，投資人的心就安了一半。謹慎點的投資人，會再對照資產負債表的數字，看看有無其他負面或可疑的資訊，但衝動點的投資人，可能在看到營收時，就準備錢進股市了。

　　然而，只看損益表和資產負債表做投資決策，風險不過比完全不看財報而靠聽明牌的投資人低一點。因為，屬於應計制的損益表和資產負債表都是可以「演」出來的，觀眾（投資人）想看什麼，公司管理階層就能寫出劇本，找妥演員（各種會計項目），演出一部部精彩絕倫的故事（EPS數字）。無論是要賺人熱淚的，抑或是敗部復活奮鬥記，應有盡有；但相對地，屬於現金制的現金流量表就「很難演」。因此，在四大財報中，最能幫助投資人一眼挑出好股和看出爛公司的報表，就是現金流量表。

打裂厚妝容，現金制的素顏才美

　　為什麼會計的應計制「好演」，現金制會「難演」呢？簡單地說，會計學上的應計制，強調「在公司經營的過程中，不管發生什麼事，都要如實記錄、就要做帳」，對初接觸會計的學生或投資人，可能會認為這個概念看起來，頗讓人信賴，覺得在凡走過必留下痕跡的詳細記錄後，企業經營一定很正派。可惜的是，會計的學問實在太大，各種會計項目的屬性也常有權變情事產生，使應計制反倒成為不良企業藏污納垢的最好工具。

　　舉例來說，當上市櫃企業對外公布本季或本年度營收創新高時，投資人可以看到在綜合損益表中的銷貨收入呈現大幅成長，亦能同步地看到資產負債表中的應收帳款數額跟著增加，因此感覺企業經營獲利的故事很符合邏輯。但是資產負債表中的應收帳款是一個累計的數字，它有營收創新高的部分，卻也可能包括許多早就收不回的呆帳，尤其是公司刻意地透過大量塞貨，做出亮麗的營收數字時，更是危險。千萬別以為這種情形只有發生在「少數的、惡性重大的地雷型企業」，因為這是一個上市櫃企業彼此間「心領神會而不多加言喻」的財報化妝術，差別只在於有些企業是偶而上妝或化點薄薄的裸妝，有些企業習於化個像「糊壁」似的濃妝。

　　2011年6月1日，宏碁（2353）發出一次認列1.5億美元（折合台幣約43億元）營運損失的重大訊息公告，讓投資人大為傻眼。原因就在於宏碁當時的義大利籍總經理蘭奇，向歐洲通路大塞貨，一方面有效降低帳上的庫存數字，打造宏碁零庫存神話；另一方面，在應計制基礎下，這些離家的貨品，都成為帳上的高營收和應收帳款，真可謂一魚兩吃。在問題未爆發前，宏碁經營團體及台股投資人都覺得蘭奇在歐洲通路上「很夠力」，宏碁「真是請來了個神人」，而股價也因此有很不錯的表現。

　　沒想到，當宏碁的年度稽核團隊來到歐豬三國——義大利、西班牙及葡萄牙時，竟發現通路業者手上的庫存水位高到嚇人，庫存天數是正常值的3倍以上。這3個歐債風暴重災區的國家，因為債台高築及經濟成長大幅衰退，含電腦在內的消費市場本就岌岌可危，但蘭奇為創出好看的營收和市占率，還是向通路商大量塞貨。在市場消費力大減及消費性電子產品汰舊換新速度快的情況下，這些「寄在」通路商手上的存貨，面臨賣不出的困窘，掛在帳上的那些應收帳款，也陷入收不回來的命運，使得宏碁不得不忍痛一次認列龐大的損失。

　　2013年11月5日，宏碁又認列99.43億元的無形資產減損，本業虧損25.7億元，導致第3季大虧131.2億元，單季EPS −4.82元。董事長兼執行長王振堂宣布請辭，36萬名投資人下巴掉到

水溝裡。8日，證交所以「未於事實發生時宣布訊息」，處10萬元罰款；但比照投資人的損失，著實是「小巫見大巫」。

遇到這種情況，真是連哭都來不及，而連宏碁這等規模的上市櫃企業都會出現這種情況，其他經營管理能力不如宏碁的企業，要是也化這麼重的妝，山崩的機率就更大了。所以，應計制下的財務報表固然「什麼都記」，卻也有一定的風險。你我等一般投資人沒能躲在企業管理階層辦公室的桌底下，不曉得他們將打算演出什麼劇碼，還是別太急著跟著走，因為公司不管營業收入數字做得再漂亮，要是沒有變成現金入帳，就等於沒有真正的賺到錢。

有現金流進，不一定就是好事

現金制的現金流量表之所以比應計制的其他報表難演，關鍵就在現金流量表的概念是「企業一定要有現金流入或流出」的經營行為才作數，而在報表所載的編製期間內，所有未產生現金的收入（如應收帳款、存貨），都要扣除；沒有支付現金的費用（如折舊、攤銷），亦要加回。這樣一來，才能看出企業經營是像公司自己公布或投資市場所預期的賺很大，或根本就是白忙一場。簡而言之，若從本期損益推導到營業活動現金（CFO）的數

值為正數，就表示這家企業的經營情況正常或良好；若為負數，就表示這家公司的經營情況出現警訊，必須再進一步仔細分析導致營業活動現金流變成負數的主要原因，是否確實與本業營運轉差有關。如果投資人沒有能力掌握現金流量變化的成因，至少請先保持戒心與觀望。

　　投資人要看出企業有沒有賺錢，必須先了解現金流量表的結構為何？從圖2-3-1，投資人便可了解現金流量表的組成要素、層次性及與損益表和資產負債表間的關係。不過，初次接觸現金流量表的投資人，可能會產生現金流入是好事，現金流出就是壞事的誤解。

營業活動現金（CFO）

　　在一般情形下，營業活動現金（CFO）流入，可以判斷為好事，因為CFO現金流入就表示企業努力經營，本業有賺取現金的能力，這是三個「現金流量」狀態裡，最好的一個，也是投資人在進行股市投資時，最具防禦能力的工具。但投資活動現金（CFI）及籌資活動（CFF）現金流入，就沒像CFO這麼好判斷，投資人必須「case by case」去看。

圖 2-3-1 現金流量表的組成結構圖

營業活動現金
（CFO）

1. 在應計制下，與企業營業活動相關，卻未產生現金收入或支出的項目，在此做出扣除及加回的調整，以如實呈現營業活動的現金流動情形。
2. 導入的項目來自於損益表，並從本期損益開始回推，推算出的CFO結果以正數為佳。

投資活動現金
（CFI）

1. 企業增加或減少母公司自身投資（或子公司），即指與資本支出相關的現金流入或支出項目，在此呈現。
2. 導入項目來自於資產負債表。

籌資活動現金
（CFF）

1. 企業因為經營需求向外界進行融資行為（如銀行借款、發行新股及公司債）所相關的現金流入或支出項目，在此呈現。
2. 導入項目來自於資產負債表。

投資活動現金（CFI）

　　如果投資人看到CFI的現金流入，是因為出售土地所得的話，除非該筆資金的運用為企業帶進本業賺錢的效益，尚可正面

看待，否則這筆現金流入，充其量只能算是子孫變賣祖產；假設CFI的現金流出，是為了增加資本支出，如添購機器設備，投資人必須進一步分析，這個擴廠或擴產決策有沒有為企業賺進明確且可觀的收益。如果有，就表示投資決策正確；要是愈投資愈虧錢，就表示決策失當。

籌資活動現金（CFF）

另外，CFF的現金流入也多半不是好事，例如為改善或維持經營狀態，向銀行借款，抑或為了企業擴張等各種因素，以發行新股或公司債方式向市場募資。可能投資人會納悶，為了有效經營，企業進行融資行為，有什麼不對？為什麼多半不是好事呢？以我當會計師的經驗來看，融資行為不是不行，但企業融資行為所產生的結果，不必然會使企業獲利，反而虧損更嚴重的情況，倒是不少。若投資人仔細觀察，便不難發現在台股市場中，CFI及CFF現金流入及流出都出現負面效益的企業，還真多。近年來，幾乎可視為教科書「聖經級」案例的，就是面板、DRAM等四大慘業。

就拿友達（2409）民國108年合併現金流量表（見圖2-3-2）來看，姑且先不說它本期淨損金額之大，畢竟面板業由雙星產業淪為慘業，也不是一朝一夕的事了。但從現金流量表中可見，

圖 2-3-2 友達光電合併現金流量表（民國108年）

友達光電股份有限公司及子公司
合併現金流量表
民國一〇八年及一〇七年一月一日至十二月三十一日

單位：新台幣千元

	108年度	107年度
營業活動之現金流量：		
本期稅前淨利(損)	$ (19,844,754)	11,216,151
調整項目：		
收益費損項目		
折舊費用	35,693,033	33,686,561
攤銷費用	564,686	540,969
透過損益按公允價值衡量之金融工具利益	(41,065)	(406,507)
利息費用	3,251,370	2,663,605
利息收入	(885,520)	(841,615)
股利收入	(295,575)	(468,263)
採用權益法認列之關聯企業及合資損益之份額	(149,907)	(311,714)
處分及報廢不動產、廠房及設備利益淨額	(106,546)	(1,923,044)
處分投資及金融資產損失淨額	13,154	-
資產減損損失	2,298,646	399,363
未實現外幣兌換損失(利益)	(430,183)	545,856
其他	26,468	(132,537)
與營業活動相關之資產／負債變動數		
應收票據及帳款	13,685,703	(3,702,504)
應收關係人款項	984,744	(826,893)
存貨	2,794,115	(1,654,060)
其他流動資產	(926,326)	3,260,786
應付帳款	(5,014,990)	2,776,504
應付關係人款項	(1,197,773)	503,293
淨確定福利負債	(89,422)	(82,176)
負債準備	(759,948)	636,100
其他流動負債	(4,906,788)	(3,679,040)
營運產生之現金流入	24,663,122	42,200,835
收取之利息	919,840	815,890
收取之股利	568,871	670,234
支付之利息	(3,417,833)	(2,481,821)
支付之所得稅	(2,003,361)	(1,004,444)
營業活動之淨現金流入	20,730,639	40,200,694

（續下頁）

圖 2-3-2 友達光電合併現金流量表（民國108年） （續上頁）

友達光電股份有限公司及子公司

合併現金流量表(承上頁)

民國一〇八年及一〇七年一月一日至十二月三十一日

單位：新台幣千元

	108年度	107年度
投資活動之現金流量：		
取得透過損益按公允價值衡量之金融資產	(3,668,175)	(2,509,528)
處分透過損益按公允價值衡量之金融資產	3,970,809	924,567
取得透過其他綜合損益按公允價值衡量之金融資產	(47,182)	(3,452,722)
處分透過其他綜合損益按公允價值衡量之金融資產	-	59,021
取得採用權益法之投資	-	(684,756)
處分採用權益法之投資	904,050	-
採用權益法之投資減資退回股款		99,200
對子公司之收購(扣除所取得之現金)	-	(448,488)
處分子公司(扣除除列子公司之現金)	-	51,387
購置不動產、廠房及設備	(29,546,642)	(34,770,263)
處分不動產、廠房及設備	170,880	6,408,057
存出保證金減少(增加)	49,670	(169,666)
取得無形資產	(1,711)	
其他金融資產減少(增加)	55,945	(4,635)
投資活動之淨現金流出	(28,112,356)	(34,497,826)
籌資活動之現金流量：		
舉借短期借款	2,576,584	2,526,082
償還短期借款	(1,388,334)	(5,343,976)
舉借長期借款	79,880,000	4,271,566
償還長期借款	(53,378,766)	(28,736,527)
租賃本金償還	(694,922)	-
存入保證金減少	(1,828)	(13,402)
發放現金股利	(4,812,122)	(14,436,368)
庫藏股票買回成本	(1,013,423)	-
非控制權益變動及其他	(425,122)	(114,035)
籌資活動之淨現金流入(流出)	20,742,067	(41,846,660)
匯率變動對現金及約當現金之影響	(2,073,874)	286,472
本期現金及約當現金增加(減少)數	11,286,476	(35,857,320)
期初現金及約當現金餘額	69,163,296	105,020,616
期末現金及約當現金餘額	$ 80,449,772	69,163,296

註記方塊：CFI現金流出
借款—CFF現金流入
還款—CFF現金流出

即使連年虧損,友達卻仍然持續增加資本支出——購置固定資產(295.46億元),以擴產方式求生。同時,也陷入舉債和還債的惡性循環中,民國108年的新增長期借款達798.80億元,而償還的短期借款、長期借款及公司債合計則有547.67億元,出現CFI現金流出、CFF現金流入/流出,都出現負面效益的情況。而356.93億元的折舊費用,亦呈現出友達在機器設備上的包袱有多重。

三步驟速解現金流量表內涵

老話一句,投資人不是會計師,也不是要考分析師或會計師證照的學子,面對財報只要能看懂重點即可。所以,我在這裡不打算細說現金流量表到底是如何產生的,免得投資人及讀者對財報產生距離感,而怯於使用這項重要的投資決策工具。但是有些眉角,還是不得不說。

從現金流量表的結構來看,CFO是由本期損益開始回推計算,調整的會計項目依各公司情況而異,但折舊、權益法的投資損益、應收帳款/票據、存貨、應付帳款/票據,是每家企業都會有的調整項目,也多半是數額最大的。除非在營業活動現金部分有其他調整項目的數字極大,否則拿到現金流量表後,只要

按照下列步驟，檢視CFO這幾個項目，再視金額大小，「double check」一下CFI及CFF現金的流入與流出，就可以了解這家企業大致的經營情況。

步驟1：檢視期初與期末現金

上市櫃企業的帳上現金，除了在資產負債表出現之外，也同步會在現金流量表中呈現。倘若帳上期末現金比期初多，表示企業一整年下來，不管經營面或財務面如何折騰，至少還能留下現金，心就安了三分之一。要是兩者的金額差距很大，就可以放心一大半；倘若期末現金比期初少，而且減少的幅度不小，投資人就必須拿出放大鏡，好生看看企業的錢都流到哪去了！

步驟2：檢視金額重大的項目

翻過上市櫃企業財報的一般投資人都有個共同的心聲，那就是每個項目的數字都「長到不行」，讓人有看沒有懂。因此，建議大家看財報時，要懂得看數字間的比例關係，也就是挑大的看即可。在現金流量表的營業活動現金中，數額最大的幾個項目有折舊費用、權益法的投資損益、應收帳款／票據、存貨、應付帳款／票據；而增加／處分長期投資、購置／處分固定資產則是投資活動現金中的核心；籌資活動現金則以長短期借／還款、發行

／償還公司債、現金增資、支付現金股利為主。拿到現金流量表後，先不要被長長的數字龍嚇到，只要把這些重大的項目檢視過一遍就好。

投資活動和籌資活動現金中，會計項目代表的意義較為直接，如購置／處分固定資產，就是買進或賣出土地及設備，在此不多做說明。但營業活動現金部分所列出的會計項目，屬於「調整」項目，投資人易把它們在資產負債表及損益表中的意義產生混淆，故簡單說明如表2-3-1：

表2-3-1 營業活動現金的重大調整項目說明

調整項目	加減項／原因	其他說明
折舊費用	加項／沒有實質現金流出	愈高，表示企業有過多的機器設備。
權益法的投資損益*	利益為減項，損失為加項／沒有實質現金流動	企業底下轉投資的子、孫公司們，當年度經營成績的好壞。
應收帳款／票據增加	減項／沒有實質現金流入	愈大，表示企業有許多銷貨款項還在外流浪未歸，運氣差點的，可能有些帳款會變成呆帳。
存貨增加	減項／沒有實質現金流入	企業經營好壞的指標，存貨愈高，經營風險愈大。
應付帳款／票據增加	加項／沒有實質現金流出	代表企業未來仍有多少的進貨款項待付。

* 新制改稱為「採用權益法認列之關聯企業及合資損益之份額」。

步驟3：匯整情況做出判斷

　　將第一、二步驟結果加以匯整之後，心中自然而然地就會浮現這家企業的經營概況，並可藉此輕鬆地做出投資決策。

　　只靠三個步驟？有沒有這麼神啊？在此，以上緯企業（4733）的現金流量表（見圖2-3-3）為例說明，大家不妨跟著看，或許就能有所感覺。

步驟1 **檢視期初與期末現金（單位：新台幣千元）**

期末現金為266,059－期初現金424,302＝－158,243

> 現金不見了約1.58億元，代誌不妙！
> 查看看現金跑去哪了？

步驟2 **檢視金額重大的項目（單位：新台幣千元）**

- 營業活動現金部分——應收票據增加135,625、應收帳款增加256,174、存貨增加65,704最多，而這三項增加都因沒有實質現金流入而遭到扣除，合計被扣除（457,503）。同時亦表示現金都卡在存貨和應收帳款，營收即使再好，但現金卻沒有進來，致使營業活動現金處於淨流出狀態（69,779）。

圖2-3-3 上緯企業現金流量表（民國99年）

上緯企業股份有限公司及子公司

擬制性合併現金流量表

民國九十九年一月一日至十二月三十一日

（未經會計師核閱或查核）

單位：新台幣千元

民國九十九年度

營業活動之現金流量：	新制變化1：以稅前淨利為起點	
本期稅前淨利	$	197,832
調整項目：		
不影響現金流量之收益費損項目		
折舊費用		54,914
攤銷費用		10,621
利息收入		(6,508)
利息費用		13,305
處分及報廢不動產、廠房及設備利益		(710)
存貨跌價、報廢及呆滯損失		7,194
股份基礎給付酬勞成本		150
與營業活動相關之流動資產/負債變動數		
應收票據增加	步驟2-1	(135,625)
應收帳款增加		(256,174)
存貨增加		(65,704)
應付票據增加		25,204
應付帳款增加		130,342
遞延所得稅資產增加		(1,827)
其他營業資產負債增減		(10,314)
自營運產生之現金流出	新制變化2：揭露現金收現／支付數	(37,300)
利息收入收現		6,508
支付之利息		(12,756)
支付之所得稅		(26,231)
營業活動之淨現金流出		(69,779)
投資活動之現金流量：		
購買不動產、廠房及設備	步驟2-2	(394,545)
處分不動產、廠房及設備價款		1,764
購買無形資產		(19,692)
按攤銷後成本衡量之金融資產收回		40,246
收取之股利		1,955
投資活動之淨現金流出		(370,272)
籌資活動之現金流量：		
發放現金股利	步驟2-3	(202,230)
舉借短期借款		459,242
償還短期借款		(322,426)
舉借長期借款		375,000
員工執行認股權		2,702
籌資活動之淨現金流入		312,288
匯率變動對現金及約當現金之影響		(30,480)
本期現金及約當現金減少數	步驟1	(158,243)
期初現金及約當現金餘額		424,302
期末現金及約當現金餘額	$	266,059

註：本表為上緯企業因應IFRSs新制規範所擬制，與現行資訊公開觀測站中的舊制
財報資料不同。

- 投資活動現金部分──資本支出增加，亦即購買不動產、廠房及機器設備花費394,545，屬於現金流出。

- 籌資活動現金部分 ──長短期借款雖然合計流入現金834,242，但亦因發放現金股利及償還短期借款，共有524,656流出。

現金流出的數額遠比流入多，
且即使是有現金流入，也是借款負債。

步驟3　匯整情況做出判斷

即使不看損益表中的營收如何，從現金流量表中的資訊便可發現，上緯的本業仍處於燒錢的狀態，導致它必須向銀行借錢來擴廠，增加負債及利息壓力不說，擴廠能否帶來企業的生機，也還在未定之天。同時，為安定股東們的心，在本業沒辦法賺進現金的情況下，舉債來發放現金股利。這樣的企業，即使營收數字再亮眼，但營收一日無法轉化成現金，對一般投資人而言，就存在著風險。

不過，台股投資人往往有營收數字的迷思，只要看到營收「持續創新高」，就覺得是好的投資標的。可是，如果有企業的營收和本期損益不斷衝高，但CFO為負數，且「期末現金＜期

初現金」時，就表示現金一直沒有流入。當這兩者間的開口愈大，代表企業經營體質無法成功翻轉，就像時下偶像劇的名言一樣「再也回不去了」。企業只能像吸毒一樣，不斷地靠借款來燒錢經營，做出高營收數字來自我麻痺，等到哪天撐不住了，地雷立即就引爆。所以投資人要記得，只要看到現金總是流不進，CFO是負數的企業，就別碰。不要太好心地替企業找「公司可能只是今年的狀態不好，明年就會翻身大賺」的理由，畢竟一般投資人和企業老闆又不熟，別拿自己的辛苦錢和陌生人搏感情。況且，經營體質和績效真正良好的公司及企業主（如張忠謀），壓根就不會讓自家企業的CFO出現負數。

營收衝高背後的真相（單位：新台幣千元）

我們再來看一個現金流量的例子，F–金可（8406）是一家營收營運年年成長的公司，新聞媒體上也不乏這家公司的利多消息。投資人光是在綜合損益表裡（見圖2-3-4）看到高成長的營收，102年營收為4,879,059，103年營收則為5,782,870，成長了18.5%。不但如此，自2008年金融海嘯後，這家公司已經連續數年維持了近兩位數營收成長，102年每股盈餘15.67元，而103年每股盈餘15.64元，每年都賺了超過一個股本，投資人看了這個數字一定會讚嘆這家公司的營運表現。

圖2-3-4 F-金可合併綜合損益表（民國103年）

GINKO INTERNATIONAL CO., LTD.及其子公司

合併綜合損益表

民國一〇三年及一〇二年一月一日至十二月三十一日

單位：新台幣千元

		103年度		102年度	
		金額	%	金額	%
4000	營業收入(附註六(十七)及七)	$ 5,782,870	100	4,879,059	100
5000	營業成本(附註六(四)及(十四))	2,309,316	40	1,890,269	39
	營業毛利	3,473,554	60	2,988,790	61
	營業費用(附註六(三)、(六)、(七)、(八)、(十四)及(十五)、七、九及十二)：				
6100	推銷費用	969,405	17	875,457	18
6200	管理費用	640,211	11	548,698	11
6300	研發費用	79,459	1	63,468	1
	營業費用合計	1,689,075	29	1,487,623	30
	營業淨利	1,784,479	31	1,501,167	31
	營業外收入及支出(附註六(十)、(十八)及七)：				
7010	其他收入	71,720	1	95,543	2
7020	其他利益及(損失)	(40,854)	(1)	43,464	1
7050	財務成本	(84,450)	(1)	(44,213)	(1)
	營業外收入及支出合計	(53,584)	(1)	94,794	2
7900	繼續營業部門稅前淨利	1,730,895	30	1,595,961	33
7950	減：所得稅費用(附註六(十三))	284,128	5	175,899	4
8200	本期淨利	1,446,767	25	1,420,062	29
8300	其他綜合損益：				
8310	國外營運機構財務報告換算之兌換差額	264,382	5	296,081	6
8399	減：與其他綜合損益組成部分相關之所得稅	-	-	-	-
8300	其他綜合損益(稅後淨額)	264,382	5	296,081	6
8500	本期綜合損益總額	$ 1,711,149	30	1,716,143	35
9710	基本每股盈餘(單位：新台幣元)(附註六(十六))	$ 15.64		15.67	
9810	稀釋每股盈餘(單位：新台幣元)(附註六(十六))	$ 15.45		15.46	

　　不過，本書的讀者都是深度思考的投資人，應該會想想案情是否如表面的那麼單純？我們再來看看F-金可的現金流量表（見圖2-3-5），依照之前提過的三步驟，一一拆解現金流量表

圖2-3-5 F-金可合併現金流量表（民國103年）

GINKO INTERNATIONAL CO., LTD. 及其子公司
合併現金流量表
民國一〇三年及一〇二年一月一日至十二月三十一日

單位：千元

	103年度		102年度	
	人民幣	新台幣	人民幣	新台幣
營業活動之現金流量：				
稅前淨利	$ 351,793	$ 1,730,895	330,290	1,595,961
調整項目：				
不影響現金流量之收益費損項目				
折舊費用	72,872	358,532	49,780	240,537
攤銷費用	4,145	20,394	3,414	16,496
呆帳費用提列數	24,910	122,557	11,687	56,472
利息費用	17,164	84,450	9,150	44,213
利息收入	(8,908)	(43,827)	(5,497)	(26,562)
處分及報廢不動產、廠房及設備損失	621	3,055	625	3,020
員工認股權酬勞成本	-	-	120	580
預付土地租金攤銷	432	2,126	391	1,889
金融負債未實現評價損失（利益）	1,888	9,290	(148)	(715)
不影響現金流量之收益費損項目合計	113,124	556,577	69,522	335,930
與營業活動相關之資產／負債變動數：				
應收票據增加	(3,519)	(17,919)	(603)	(2,966)
應收帳款增加	(306,642)	(1,561,421)	(267,845)	(1,317,530)
應收帳款-關係人增加	(294)	(1,497)	(9,288)	(45,688)
其他應收款增加	(7,701)	(39,213)	(336)	(1,653)
其他應收款-關係人增加	(3,896)	(19,838)	(11,412)	(56,136)
存貨增加	(32,286)	(164,400)	(105,895)	(520,898)
預付款項（增加）減少	(9,934)	(50,584)	6,973	34,300
其他流動資產增加	(2,461)	(12,531)	(841)	(4,137)
應付帳款（減少）增加	(25,196)	(128,298)	16,950	83,377
其他應付款增加（減少）	852	4,339	(13,209)	(64,975)
其他應付款-關係人減少	-	-	(346)	(1,702)
負債準備（減少）增加	(19,944)	(101,555)	13,691	67,346
營運產生之現金流入	53,896	194,555	27,651	101,229
支付所得稅	(60,972)	(299,994)	(38,538)	(186,216)
營業活動之淨現金流出	(7,076)	(105,439)	(10,887)	(84,987)
投資活動之現金流量：				
取得不動產、廠房及設備	(151,400)	(770,928)	(242,332)	(1,196,998)
處分不動產、廠房及設備	-	-	2,238	15,972
取得無形資產	(163)	(806)	(19,472)	(95,782)
長期應收款項增加	(10,511)	(53,522)	-	-
其他流動資產減少（增加）	133,632	680,454	(135,232)	(665,206)
其他非流動資產增加	(175)	(891)	(476)	(2,341)
預付設備款增加	(93,780)	(477,529)	(45,671)	(224,656)
收取之利息	8,908	43,827	5,497	26,562
投資活動之淨現金流出	(113,489)	(579,395)	(435,448)	(2,142,449)
籌資活動之現金流量：				
短期借款增加	355,459	1,809,997	195,894	963,603
舉借長期借款	29,458	150,000	25,615	126,000
償還長期借款	-	-	(54,889)	(270,000)
發放現金股利	(126,649)	(609,564)	(92,108)	(451,515)
員工執行認股權	2,342	11,601	4,090	19,541
庫藏股票買回成本	(19,637)	(96,617)	-	-
發行公司債	-	-	412,684	1,994,500
支付之利息	(13,296)	(65,421)	(6,774)	(32,733)
籌資活動之淨現金流入	227,677	1,199,996	484,512	2,349,396
匯率變動對現金及約當現金之影響	(13,655)	24,243	(19,902)	58,304
本期現金及約當現金（減少）增加數	93,457	539,405	18,275	180,264
期初現金及約當現金餘額	367,192	1,806,217	348,917	1,625,953
期末現金及約當現金餘額	$ 460,649	2,345,622	367,192	1,806,217

步驟2-1

步驟2-2

步驟2-3

步驟1

現。先看期末現金2,345,622與期初現金1,806,217，全年增加了539,405的現金流量，相較於稅前淨利1,730,895，現金流量剩下三分之一，維持了正數，也達到了我們分析第一步的低標。

再來我們看看營業活動現金流的表現。103年整體流出了105,439的營運現金，研究現金流出項目，主要是集中在應收帳款增加1,561,421，存貨增加164,400，應付帳款減少128,298，三項就流出了1,854,119，比稅前淨利還高，現金都被應收帳款跟存貨吃掉了，難怪營運活動沒有辦法產生現金流入。不但如此，這家公司102年營運活動現金流也是流出了84,987，同樣是因為應收帳款與存貨增加導致的不良結果。

接著看這家公司103年投資活動流出了579,395，102年更流出了2,142,449，營運活動卡在應收帳款跟存貨裡面，公司每年還有為數不小的投資流出，產生讓公司維持現金流正數的項目來自於籌資活動的短期借款1,809,997。各位讀者看到這裡，就應該明白，拿短期借款來支應投資支出、應收帳款與存貨所需要的現金，這家公司分明是一個大錢坑。

類似這樣的公司很多，縱使營收持續成長，EPS還能賺一個股本，但是現金流量表現有問題，應收帳款週轉率與存貨週轉率逐年下降（見表2-3-2），應收帳款週轉天數與存貨週轉天數逐年上升，使得盈餘品質轉壞，這樣的公司只要景氣稍微波動，營

表2-3-2 F–金可週轉率、週轉天數表現

期別	103年	102年	101年	100年	99年
應收帳款週轉率（次）	1.31	1.67	1.56	1.79	1.69
存貨週轉率（次）	1.79	2.08	2.48	2.62	2.60
應收帳款週轉天數（天）	279	219	234	204	216
存貨週轉天數（天）	204	175	147	139	140

收成長一停滯，很快就會出現虧損。原本高成長營收產生的高股價，隨即變成快速下跌的股價，投資人就上了只看營收不看現金流量與盈餘品質的當了。

新制可自選分類，人為操作空間加大

　　在第1章及本章資產負債表及綜合損益表等二個小節中，都提到IFRSs新制實行後，將提供公司管理階層更多的空間去給財報化妝，這個情形在現金流量表中也不例外。IFRSs新制讓利息及股利收入，從原制的營業活動現金（CFO）項下，轉為CFO和投資活動現金（CFI）皆可；利息及股利支出的部分，也成為CFO及籌資活動現金（CFF）皆可（如表2-3-3：利息與股利收入／支出的分類轉變）。

表 2-3-3 利息與股利收入／支出的分類轉變

項目	IFRSs	舊制
收入類		
利息收入	CFO or CFI	CFO
股利收入	CFO or CFI	CFO
支出類		
利息費用	CFO or CFF	CFO
股利支出	CFO or CFF	CFF
所得稅支出	CFO(註)	CFO

註：除非與投資或籌資活動相關者，否則皆置於CFO。

　　一般而言，企業的管理階層將利息及股利等收入，列為
CFO的調整項目，會比CFI的加項效益大。因為若在收現的情況
下，這些收入可以美化CFO數字，讓市場對企業的評價提高。
所以，IFRSs新制雖然提供CFO和CFI兩個選擇，但在正常及
符合經濟理性的考量下，企業管理階層勢必選擇與舊制相同的
CFO，做為利息及股利收入的歸宿；而支出部分的概念亦同，將
利息及股利支出放在CFO，會使CFO現金流入減少，萬一數額
龐大，CFO金額由正轉負也不無可能，但要是放在CFF，問題就
都解決了。就拿台灣高鐵為例，特別股股利率高達9.5%（2003
年募集），若列在CFO項下，營業活動現金缺口只怕是深到難以

測量。

　　雖然在企業管理階層操作方式的實務觀察上，IFRSs新制與舊制的變化不大，但由於可以自行選擇分類方式，導致同一產業的公司之間，因為列計方式不同，無法進行自由現金流量（CFO － CFI）的比較，不免增添投資人判斷上的隱憂。

權益變動表

　　一口氣看完資產負債表、綜合損益表和現金流量表等三大財務報表的解讀撇步後，可能大夥急著翻到後面的篇章，細讀IFRSs新制對台股投資的相關衝擊有哪些？但先別急，花個五分鐘，把權益變動表（IFRSs新制下，股東權益變動表更名為權益變動表）在投資評估上的功能，一併學起來，讓它在投資評估的關鍵時刻，發揮最準確的「拍板定案」作用。

　　權益變動表可說是資產負債表中股東權益部分的延伸，主要在說明股本（普通股、特別股）、資本公積、保留盈餘及其他股東權益調整四大項目，在當期／當年度產生那些變化，如圖2-4-1。不同的事件，會對這四大項目產生個別的影響數。例如現金增資溢價發行時，普通股股本、資本公積會增加（如事件1）；企業發放現金股利時，保留盈餘項下的未分配盈餘就會出現減項數字（如事件2）；盈餘轉增資股票股利時，普通股股本會增加，但未分配盈餘會減少（如事件3）；備供出售金融資產出現

圖 2-4-1 權益變動表結構關係

未實現跌價損益時，則在股東權益調整項目揭露（如事件4）。

因此，投資人可以很清楚地看出，個別事件對股東權益影響層面

的多寡及其金額高低，以及企業如何進行盈餘的分配。

　　不過，雖然就會計專業而言，權益變動表是相當重要的財務

報表，但對一般投資人，權益變動表的參考價值低於前三大報

表。因此，在檢視權益變動表時，只需掌握以下兩大訣竅：

訣竅 1：挑出重點放大看

以視覺的舒適度來看權益變動表，它是四大財務報表中，最「友善」的一個，因為它沒有太多密密麻麻的數字，且呈現方式最清晰。一般情況下，當權益變動表內的資訊愈少，就代表當期企業的股東權益較單純，如圖2-4-2。

翻開上市櫃企業權益變動表後的第一個觀測重點，就是先依序確認表中的股本（普通股、特別股）、資本公積、保留盈餘及其他股東權益調整四大項目，其期初、期末金額有無不同。若發現金額有不同時，再個別檢視每一欄的數據出現什麼較特別的變化。在四大項目中，以股本的變化最小，因為若非有增資、減資、特別股轉換、收回或註銷庫藏股等情況，絕大多數企業期初、期末普通股股本金額會相同。

以漢微科（3658）的合併權益變動表為例（如圖2-4-2），就可輕易找出對投資人較有參考價值的四大看點。首先，是民國101年普通股股本期末金額比期初金額多了6,000萬元，原因無他，就是當年度有進行現金增資；再者，將現金增資資訊打橫檢視，就可發現漢微科在增資時，因為受到資本市場的高度肯定，獲得多達11.88億元的普通股溢價，讓漢微科在取得總計12.48億元現金的同時，股本僅有微幅膨脹，極漂亮地完成了增資；最

圖2-4-2 漢微科合併權益變動表（民國101年／102年）

單位：新台幣仟元

漢民微測科技股份有限公司及子公司
合併權益變動表
民國102年1月1日至12月31日

看點1：現金增資
看點2：溢價發行
看點3：發放現金股利
看點4：本期淨利

項目	普通股股本	資本公積	法定盈餘公積	特別盈餘公積	未分配盈餘	國外營運機構財務報表換算之兌換差額	計	非控制權益	權益總額
101年1月1日至1月1日餘額	$600,000	$—	$14,962	—	$739,104	—	$1,354,066	21,091	$1,375,157
現金增資	60,000	1,188,000					1,248,000		1,248,000
100年度盈餘指撥及分配									
提列法定盈餘公積			65,224		(65,224)				
現金股利					(264,000)		(264,000)		(264,000)
本期淨益					1,517,166		1,517,166	3,263	1,520,429
本期其他綜合損益					26,412	8,136	34,548	1,298	35,846
對子公司持股比例變動之調整		10,517					10,517	9,955	20,472
附屬成本-現金增資對員工認購		35,831					35,831		35,831
101年12月31日餘額	$660,000	$1,234,348	$80,186		$1,900,634	$(8,136)	$3,867,032	$33,011	$3,900,043
102年1月1日餘額	$660,000	1,234,348	80,186		1,900,634	(8,136)	3,867,032	33,011	3,900,043
現金增資	50,000	4,188,036					4,238,036		4,238,036
101年度盈餘指撥及分配									
提列法定盈餘公積			151,660		(151,660)				
提列特別盈餘公積				4,144	(4,144)				
現金股利					(792,000)		(792,000)		(792,000)
本期淨利					2,343,600		2,343,600	3,675	2,347,275
本期其他綜合損益					10,006	23,093	33,099	904	34,003
對子公司持股比例變動之調整		4,639					4,639	1,036	5,675
102年12月31日餘額	$710,000	$5,427,023	$231,846	$4,144	$3,306,436	$14,957	$9,694,406	$38,626	$9,733,032

後附合併財務報表附註為本合併財務報表之一部分，請併同參閱。

董事長：許金榮　　經理人：招允佳　　會計主管：沈孝瑜

後，則是在營運情況良好及現金充足下，發放2.64億元的現金股利，回饋給股東，並在101年繳出15.17億元淨利的好成績。

訣竅2：出現虧損仔細看

企業經營不會天天在過年，只賺不賠，當遇到有虧損，有時會需要以多年累積下來的資本公積或法定盈餘公積適時彌補虧損。以昇揚科（3561）民國101年第2季的合併權益變動表進行分析（圖2-4-3），可發現除了因特別股轉換成普通股，讓股本呈微幅增加外，民國101年1月1日累積虧損6.52億元，它在民國101年上半年，又出現6.10億元虧損。於是，企業便將以往提撥的2.25億元法定盈餘公積和溢價發行所得的4.42億元資本公積，與保留盈餘的累積虧損互相抵銷。

這種「東牆西補」策略可使整體的股東權益金額不變，而管理階層又能透過內部會計帳務的對沖，直接將部分虧損的事實擠出帳外。而這種公積彌補累計虧損的對沖方式，屬於技術高段、不會特別對外說明的「內心戲」，唯有在權益變動表中，才能看出蛛絲馬跡。

所以，雖然權益變動表中的資訊，很多都可在前三大財務報表中同步取得，但還是建議投資人在翻開企業財務報表時，別忘

圖 2-4-3 昇揚科合併權益變動表（民國101年第2季）

單位：新台幣千元

昇揚光電科技股份有限公司及子公司

民國一○二年及一○一年四月一日至六月三十日

	股本		資本公積	保留盈餘			其他權益項目			庫藏股	總計	非控制權益	權益總額
	普通股股本	特別股股本		法定盈餘公積	特別盈餘公積	未分配盈餘	國外營運機構財務報表換算之兌換差額	備供出售金融資產未實現損益	員工認股權				
民國一○一年一月一日餘額	$ 2,370,394	300,000	6,907,677		7,500			(1,791)	(1,298,583)		7,858,151	621	7,858,772
民國一○一年上半年度淨損						(651,697)	(24,074)				(610,490)	(19)	(610,509)
本期其他綜合損益						(610,490)	(24,074)		(4,372)		(28,446)	(158)	(28,604)
特別股現金股利	20,000	(20,000)			(5,709)	5,709			(4,372)		(638,936)	(177)	(639,113)
特別盈餘公積迴轉				(441,726)		666,427							
公積彌補虧損			(224,651)		179	(990,051)	(25,865)		(1,302,955)		7,219,215	444	7,219,659
民國一○一年六月三十日餘額	$ 2,390,394	280,000	6,465,961										
民國一○二年一月一日餘額	$ 2,890,394	280,000	7,261,720		1,791	(1,795,833)	(27,286)		(1,559,815)		7,050,971	414	7,051,385
民國一○二年上半年度淨損						(438,988)	7,948				(438,988)	(11)	(438,999)
本期其他綜合損益						7,948			86,348		94,296	13	94,309
可轉換特別股收回	280,000	(280,000)							86,348		(344,692)	2	(344,690)
庫藏股員工權利歸屬	33,300		29,143							(37,556)	23,437		23,437
公積彌補虧損			(1,816,338)		1,791	1,816,338	(19,338)		(1,473,467)	(1,450)	(1,450)		
民國一○二年六月三十日餘額	$ 3,203,694		5,474,525			(418,483)					6,729,716	416	6,730,132

注意1：出現本期淨損

注意2：用公積彌補虧損

董事長：

總經理：

會計主管：

了多看權益變動表一眼，因為這類「虧損彌補」的訊息，只有在這裡看得到。

最後，我要特別說明，由於本表舊制與IFRSs新制差異不大，僅名稱由「股東權益變動表」，改為「權益變動表」。其他相關差異皆於綜合損益表中說明，故本節不再贅述。

IFRSs新規定新衝擊

　　會計制度的轉變一定會改變市場遊戲規則，本書並不是一份IFRSs新舊制教科書的對照表，反而旨在透過財報的分析與介紹，讓一般投資人能夠從財務報表的點線面切入投資標的之分析，同時加入一些IFRSs導入後較為重要的新觀念。

　　IFRSs是從資產負債表的變化差異來得到綜合損益表的結果，這與傳統GAAP是從損益表的變化，進而影響資產負債表的過程，有很大的差別。這樣的轉變，提醒了我們，除了以往最在意的營收、稅後淨利、EPS外，亦應將焦點放在資產負債表的品質。

　　就公布時間點而言，IFRSs取消了傳統的半年報，並且1到3季僅只有會計師核閱，等到年報的時候會計師才會進行較為深入的查核。因此市場上對於102年以後的年報，等待的是經過查核的數字，以及那些會計項目中的明細。

　　查核時若有財報上的意見，或是資產負債表當中的會計項目發生大幅度的價值變動，都會直接反映在綜合損益表當中，這種由於核閱與查核之間，所產生的損益波動，預期將會集中在年報公布之時，是投資人必須注意到的一大改變。

　　因此本章挑選了轉投資、金融資產、存貨、負債準備、商譽等等主題，提出在IFRSs新制之下，投資人需要認識的會計常識，讓你對這些會計項目如何影響綜合損益表的EPS，有更進一步的認識。

3-1

千變萬化的轉投資

　　有別於其他國家股市投資者絕大多數都是法人，台股則是以散戶居多，因此讓台股投資成為一門顯學，人人都有一套自己的選股之道。有的投資人偏愛「家大業大」的上市櫃企業，例如股市聞人阿土伯、知名藝人張菲及小S的公公，都是鴻海的鐵桿粉絲；有的投資人喜歡「輕薄短小」的中小型上市櫃公司，覺得它們包袱小、股價飆得動，容易快速看到財富累積效果。

　　其實，大型集團企業或中小型公司哪個對投資人較好？即使是縱橫股市數十年的投資高手（如華倫巴菲特等），也都無法斷言，得視個別投資人的投資屬性及操作方式而定。但從財務報表的觀點來看，無論企業規模的大小，都適用同一個法則，就是它的「資訊清楚與否」。

　　能夠在財務報表上把企業經營狀況說得愈清楚者，表示對投資人較友善；相對地，總是在財務報表上出盡花招或是遮遮掩掩的企業，投資人就要小心謹慎些。在多年的會計師生涯中，我發

現台股企業很常在轉投資上「搞怪」，尤其是IFRSs新制要求企業財務報表都要以合併概念編列後，企業在轉投資上「欲語還休」的情況就更多了。

企業轉投資操作空間多

在前一章中，曾提到母公司持有轉投資企業股份達50%以上者，必須將轉投資的子公司資產、負債、營收等所有經營資訊併入合併財務報表中。這對部分會刻意把負面資訊，像是高額的負債、收不到的應收帳款或賣不掉的存貨等，藏在轉投資公司的上市櫃企業大為不利，因此有些企業在進行轉投資前的股權規劃時，會將轉投資公司持股安排在50%以下，使母公司和轉投資公司的關係，從母子公司降級成關聯企業。而為了能繼續掌握轉投資公司的經營大權，持股往往處於45%至49.99%的微妙區間。不過，太過直接且大剌剌地下調轉投資公司持股的方式，難免過於粗糙。因此，有些更有心的企業是透過多層次的交叉轉投資方式降低持股。

一般而言，上市櫃企業的轉投資樣態可大分為直系血親型、社團友好型和社群交錯型三種，其中以直系血親型最容易理解，以社群交錯型最有操作空間。

投資樣態 1：直系血親型

　　上市櫃企業以轉投資公司方式拓展經營版圖和提升市場競爭力，是在所難免的事，而母公司與轉投資公司間的關係愈直接、愈單純，往往表示母公司與轉投資公司一起為本業打拚的力道最足。在台灣由於製造業為了將廠房移轉至大陸，過去多採以子公司方式對大陸投資，台灣母公司接單，而子公司則單純生產製造。

　　如圖 3-1-1 的情形 1，母公司對兩家子公司持股比重極高，呈現如「父→子→孫」般的直系關係，母公司的合併財報務表也因為併入兩家子公司的經營情況，得以更清楚且忠實地呈現三家公司的經營情況。這種型態的轉投資，由於有「打斷骨頭連著筋」的密切性，在長期投資環節上搞怪的可能性最低。

　　至於情形 2 的子公司雖多，但母子公司間仍屬直系關係，且持股比重都在 50% 以上，即使較複雜些，也不過是「子孫多且都住在同一屋簷下」，子孫公司的經營情形，可在 IFRSs 新制下的合併財務報表中，一覽無遺。

圖 3-1-1 直系血親型的轉投資關係

情形1

母公司

持股90%

子公司A

持股85%

子公司B

情形2

母公司

持股85%

持股90%

子公司C

子公司D

持股100%

持股90%

持股80%

持股75%

子公司E

子公司F

子公司G

子公司H

　　像是影音軟體大廠訊連（5203），就是以直系血親型樣態進行轉投資的上市櫃企業代表案例。從民國101年度合併財務報表可獲知，訊連對四家轉投資子公司的持股，長期以來都是100%，而由CyberLink International Technology Corp.再進行轉投資的日本公司（即訊連的「孫公司」），持股也一樣是100%。子公司的業務經營與母公司高度相關，且由設置地點可知，子孫公司是為了拓展母公司本業在美、歐、日等市場版圖而存在（如圖3-1-2）。

圖3-1-2 訊連科技轉投資情形

註：本圖以民國101年12月31日訊連科技所持股權百分比為例。
資料來源：公開資訊觀測站

投資樣態2：社團友好型

上市櫃企業會採取社團友好型的樣態進行轉投資，原因不外乎二種，一是本身想要轉投資，可運用於轉投資的資金卻有限，無法獨力負荷，便找志同道合者一起參與；另一種情況是企業雖有充足資金，但依經營管理的需求，採取必要的分散風險策略，因而找盟友加入。再者，社團友好型的轉投資樣態常比直系血親型來得多元，也就是可聚焦於與本業直接相關的轉投資，也可以是非本業的轉投資。同時，在持股比例的運作上，也比較有彈性。

如圖3-1-3的情況，乍看之下，會以為母公司只有對子公司A的持股比重高，而需要將子公司A的經營情況納入合併財務報表中，可是細算之後會發現，母公司在表面上雖然只持有子公司

圖3-1-3 社團友好型的轉投資關係

※共同持股90%在判斷子公司B是否須併入合併報表：
80% + 10% = 90%

※母公司對子公司B淨利可享有之比例：
75% × 80% + 10% = 70%

※90%、70%二種比率，各有其意義

B 10%的股權，但因為母公司對子公司A的持股超過50%，而子公司A對子公司B持股80%也就是母公司間接地控制子公司B的股權80%，故共同持股合計達90%，使得母公司對子公司B擁有實質控制力，所以也必須把子公司B的經營情況計進母公司合併財務報表裡。

再以圖3-1-4為例，列入義隆電子（2458）合併財務報表有義隆投資等11家子孫公司，子公司義隆投資除了有轉投資榮誠科技等公司（屬義隆電的孫公司），亦有投資同列為子公司的義傳科技、義晶科技及一碩科技，使義隆電子與子孫公司

圖3-1-4 義隆電子及其子公司間的投資關係摘錄

註：義隆電子101年12月31日併入合併財務報表之子孫公司共有11家，但為方
　　便以圖表說明投資關係，故僅摘錄部分轉投資公司說明之。
資料來源：公開資訊觀測站

間的投資關係，在直系血親型態外，還有子公司相互投資的社團友好型態，也讓義隆電子對義傳科技、義晶科技及一碩科技的實際持有股權，還需加計義隆投資的部分，故為63.26%（54.54%＋8.72%）、67.18%（67.11%＋0.07%）、93.36%（91.25%＋2.11%）。

投資樣態3：社群交錯型

當上市櫃企業的轉投資發展成社群交錯型時，投資人想要完整解讀企業財務報表的難度大增。以圖3-1-5而言，若只發展至情形1的母子公司相互投資，兩家公司間的投資關係還算好理解；當演變至情形2及情形3，而且子公司的家數多（甚至包括每個子公司底下的孫公司），又採取交錯投資時，企業多數已發展至集團化及多角化的經營模式，母、子、孫公司間的投資關係就比蜘蛛網還縝密難解。

就情形3來看，三家公司彼此間的持股變得複雜，母公司對子公司D、E淨利可享有的比例，必須透過交叉計算，才可得知。母公司對子公司D淨利可享有的比例76%，等於母公司直接持股70%及間接持股30%×20%＝6%；同樣地，母公司對子公司E淨利可享有的比例72%，等於母公司直接持股30%及間接持

圖 3-1-5 社群交錯型的轉投資關係

情形1

母公司

持股60% 持股20%

子公司A

情形2

母公司

持股75%

子公司B

持股30%

持股55%

子公司C

情形3

母公司

持股70% 持股30%

子公司D 持股20% 子公司E

持股60%

股70%×60% ＝ 42%。瞧！光是寫這段小小的說明，都覺得拗口萬分，還沒開始算呢！況且，這還是「只有三家」母子公司彼此交叉持股的情況，要算清對子公司淨利可享有比重就已經很麻煩，更別說台股市場中，大型上市櫃企業旗下數十家公司之間，令人眼花的轉投資操作。

別以為是我故意說得這麼恐怖來嚇人，以遠東新（1402）與其子公司的投資關係圖為例（圖3-1-6），母、子公司間的關係就像極了IC電路板。除非是有專業加持的會計師，一般投資人或台股分析師看到這樣「企業族譜」，就等同進了迷宮，在不同的投資比重裡暈頭轉向。雖然遠東新的採用權益法之投資、非控制權益占資產的比率較高（如表3-1-1），在台股中名列前茅。但是慶幸的是，遠東新為台灣50成分股，三大法人持股比例約18%；子公司數量雖多（含設置於海外及大陸子公司），其中包括了上市公司遠傳（4904）；在合併資產負債表中712億元的採用權益法之投資中，亦包括亞泥（1102，持股比例22%）、遠百（2903，持股比例17%）、東聯（1710，持股比例9%）、宏遠（1460，持股比例0.03%）四家上市公司，四家合計公允價值已達439.9億元，使資訊揭露程度尚高，較不會有令人心驚的不當情事發生。

圖3-1-6 上市櫃企業轉投資關係圖（以遠東新世紀為例）

一、關係企業相關資料

（一）關係企業合併營業報告書

1. 關係企業組織圖

資料來源：公開資訊觀測站

表 3-1-1 遠東新的採用權益法之投資、非控制權益情況

單位：新台幣千元

民國108年12月31日遠東新（1402）財報資訊	採用權益法之投資		非控制權益	
財報資訊	金額	%	金額	%
母公司資產負債表	268,034,222	82	–	–
合併資產負債表	71,266,263	13	66,798,895	12

　　但是，其他轉投資公司眾多的上市櫃公司，未必都像遠東新為多家上市公司的控股公司，有些更吝於在財務報告書中揭示族譜，而母公司對轉投資公司持股在50%邊緣徘徊或更低者，也大有人在，使其轉投資公司的經營情形仍藏於企業主的口袋中，未對大眾公開。碰上這樣的企業，即使營收獲利的故事再怎麼誘人，投資人仍應持保留態度為上策。

從財報附註中看出端倪

　　那麼，投資人要如何知道上市櫃企業的轉投資公司有哪些？在合併財務報表上，那一串名為「列入合併報表之所有子公司」之外，又該怎麼判斷企業有無規避IFRSs新制編列合併報表的規定，將子公司藏起來呢？

首先，投資人可以先依第2章所述，確認企業的合併資產負債表中，有無採用權益法之投資存在？若無，就表示企業對轉投資公司的持股都在50%以上，子公司的資產、負債及營收等經營實況，都已併入企業的合併財務報表中；若帳上還有採用權益法之投資（持股20%至50%），且金額占總資產比重不小時，就應直接翻到股東會年報或合併財務報表後半段的附註揭露事項，細看轉投資相關資訊的說明。如果發現企業列出的轉投資公司家數多、企業的持股比重集中在40%至49.99%，且子孫公司間交錯投資關係複雜者，代表這家公司有可能蓄意隱匿轉投資公司的資訊。

從會計學及管理的角度來看，當企業的轉投資公司數量達10家時，可說是拓展版圖及經營管理的最適規模；數量上升到20家時，雖能收到轉投資帶來的經營綜效，卻也可能會面臨管理和投資的瓶頸。而除了少數經營管理已臻化境的優質企業外（如台積電等台灣50或中型100成分股），上市櫃企業的轉投資公司超過20家後，除了是營收、獲利引擎的核心子孫公司外，其他子孫公司對母公司營收和獲利的貢獻可能開始降低，甚至出現相互拖累的情況。

要是企業母、子、孫公司的交錯投資比重高，再碰上產業景氣不佳的話，這家上市櫃企業多半已進入「不是不爆，只是時候未到」的危險區域了。

金融資產／工具的衡量

　　台語有句俗話說：「人兩腳，錢四腳」，意指人再怎麼努力工作打拚，都追不上鈔票被消耗的速度；但也有一個說法是人們工作賺得的財富，遠不如「用錢賺錢」來得快。因此，在台灣經濟及資本市場開始起飛的70年代，民眾開始湧進台股中，學習如何用錢賺錢，上市櫃公司自然也不例外，只是坊間的台股投資工具書及專業性財經報紙都甚少著墨，讓投資人也跟著忽略。

　　所謂的上市櫃公司「用錢賺錢」，就是第2章時曾提及的上市櫃公司轉投資持股在20％以下的金融資產（前文表2-1-3）。這個部分的轉投資，無須編入合併報表，也不必採用權益法衡量，可避掉轉投資經營損益或負債的認列，再加上對轉投資公司的持股比重低，「感覺上」對市場及投資人最在意的每股盈餘（EPS）影響不大，大家也就不太關注，將它很單純地視為企業法人的股票投資行為，覺得能產生業外投資收入當然最好；否則，只要沒有重大虧損即可。

　　然而，金融資產對EPS的影響真的不大嗎？投資人可以只把它當成企業法人的股票投資就好嗎？

　　國際會計準則委員會於2014年7月發布國際財務報導準則第9號「金融工具」（IFRS9），更趨向公允價值的衡量，許多國家如歐盟、英國、澳大利亞、加拿大、新加坡、韓國及香港與我國均於2018年1月1日開始採用。

認識FVPL、FVOCI與AC三大類別

IFRS9將金融資產分為三大類別：

1. 透過損益按公允價值衡量（簡稱FVPL）。
2. 透過其他綜合損益按公允價值衡量（簡稱FVOCI）。
3. 按攤銷後成本衡量（簡稱AC）。

純債務工具分為FVPL、FVOCI、AC三大類別；其他金融工具則分為FVPL、FVOCI二大類別。IFRS9要求純債務工具要符合現金流量測試：金融資產合約現金流量必須完全為支付本金及流通在外本金之利息。純債務工具，經營模式僅以收取合約現金流量為目的，分類為AC；經營模式為收取合約現金或出售金融資產，分類為FVOCI；不屬於前二種經營模式，則分類為FVPL。

而不符合現金流量測試的其他金融工具，則分為FVPL、FVOCI二類。

我們來看2019年富邦金（2881）的年報，在合併資產負債表（圖3-2-1）中就有這三個項目。FVPL有14,248億元，佔總資產17％；FVOCI有7,377億元，佔9％；AC有25,729億元，佔30％。一家金控公司持有金融資產就佔了總資產的56％，對損益與股東權益的影響當然可觀。

圖3-2-1 富邦金合併資產負債表（民國108年）

資　產	108.12.31 金　額	%	107.12.31 金　額	%
11000 現金及約當現金(附註六(一)及八)	$ 332,143,040	4	232,234,449	3
11500 存放央行及拆借金融同業(附註六(二)及八)	304,267,672	4	223,566,116	3
12000 透過損益按公允價值衡量之金融資產(附註六(三)及八)	1,424,854,553	17	917,327,572	12
12150 透過其他綜合損益按公允價值衡量之金融資產(附註六(四)及八)	737,754,252	9	820,207,183	11
12200 按攤銷後成本衡量之債務工具投資(附註六(五)及八)	2,572,982,162	30	2,564,909,862	33
12300 避險之金融資產(附註六(六))	3,230,042	-	3,776,327	-
12500 附賣回票券及債券投資(附註六(七))	92,966,941	1	69,364,357	1
13000 應收款項-淨額(附註六(八))	197,141,163	2	209,274,405	3
13200 本期所得稅資產	1,043,203	-	4,075,626	-
13300 待出售資產-淨額	46,090	-	48,312	-
13500 貼現及放款-淨額(附註六(九))	1,969,186,848	23	1,847,793,140	24
13700 再保險合約資產-淨額(附註六(十))	24,128,438	-	20,353,688	-
15000 採用權益法之投資-淨額(附註六(十一))	27,963,037	-	28,203,343	-
15500 其他金融資產-淨額(附註六(十三))	448,902,016	5	406,782,484	5
18000 投資性不動產-淨額(附註六(十四)及八)	248,019,514	3	179,436,352	2
18500 不動產及設備-淨額(附註六(十五)及八)	57,380,993	1	58,481,088	1
18600 使用權資產-淨額(附註六(十六))	6,670,541	-	-	-
19000 無形資產-淨額(附註六(十七))	32,713,186	-	33,907,733	1
19300 遞延所得稅資產(附註六(廿八))	22,226,429	-	19,970,316	-
19500 其他資產-淨額(附註六(十八))	44,081,513	1	75,347,455	1

資料來源：公開資訊觀測站

　　FVPL、FVOCI與AC的評價與損益認列三種方式衡量如下（見表3-2-1）。FVPL的公允價值變動、處份損益都是進入合併綜合損益表中的本期淨利（PL），會直接影響EPS；而FVOCI的公允價值變動則會進入其他綜合損益（OCI），不會直接影響EPS，而處分損益會進入保留盈餘，影響公司的股東權益。

表3-2-1 金融資產的評價與損益認列

評價處理 ＼ 資產類型	透過損益 按公允價值衡量 FVPL	透過其他綜合損益 按公允價值衡量 FVOCI	按攤銷後成本衡量 AC
	債	債	債
	股	股	—
評價方式	公允價值	公允價值	攤銷後成本
未實現評價損益認列	本期淨利 （影響EPS）	其他綜合損益 （不影響EPS）	—
已實現損益認列	本期淨利	保留盈餘	減損需認列損益

FVPL，EPS影響大

　　就108年第4季的上市櫃企業財報數字進行分析，不難發現許多企業已將短期投資置於FVPL，也就是說那些流動性較高的金融資產，如果是投資上市櫃的股票，會逐季隨著股價影響EPS。例如，記憶體大廠威剛（3260）合併資產負債表上的FVPL為12.7億元，佔總資產5％，其中3.8億元的神盾（6462）以及1.5億元的晶豪科（3006）占了流動FVPL的4成。由於威剛股本22.75億元，如果這兩檔金融資產腰斬，導致大幅損失，對EPS的衝擊約在1元上下。

　　不過有趣的地方是（見圖3-2-2），威剛財報還揭露了金融資產對同一標的交易情況。它108年處份神盾3,641張與全國加油站15,131張，總處分獲利應該是4,900萬元，但是威剛購買了一檔富邦標普500波動率短期期貨ER期貨基金，賣出63,590張，虧損了5,250萬元，等於全年的短期金融操作歸零。這也讓我們看出財務長的操盤能力，但反過來說同時持有多空產品能讓績效為零，某種程度上也達到了完全避險的效果。

圖3-2-2 威剛108年金融資產

威剛科技股份有限公司及子公司
累積買進或賣出同一有價證券之金額達新台幣三億元或實收資本額百分之二十以上
民國108年1月1日至12月31日

附表四　　　　　　　　　　　　　　　　　　　　　　　　　　　　　單位：新台幣仟元
（除特別註明者外）

買、賣之公司	有價證券名稱及	帳列科目	交易對象	關係	期初 股數(單位數)	金額	買入 股數(單位數)	金額	賣出 股數(單位數)	售價	帳面成本	處分(損)益	期末 股數(單位數)	金額
威剛科技股份有限公司	神盾股份有限公司普通股	透過損益按公允價值衡量之金融資產-流動	-	-	-	$ -	5,261,000	$ 1,318,247	3,641,000	$ 905,662	$ 872,096	$ 33,566	1,620,000	$ 383,130
威剛科技股份有限公司	富邦標普500波動率短期期貨ER指數股票型期貨信託基金	透過損益按公允價值衡量之金融資產-流動	-	-	-	-	74,590,000	402,952	63,590,000	304,883	357,391	(52,508)	11,000,000	32,670
威剛科技股份有限公司	聯茂電子股份有限公司普通股	透過損益按公允價值衡量之金融資產-流動	-	-	-	-	2,831,000	404,554	2,531,000	367,007	361,196	5,811	300,000	38,250
威剛科技股份有限公司	聯發科技股份有限公司普通股	透過損益按公允價值衡量之金融資產-流動	-	-	-	-	1,070,000	442,121	850,000	342,625	341,192	1,433	220,000	97,570
威剛科技股份有限公司	全國加油站股份有限公司普通股	透過其他綜合損益按公允價值衡量之金融資產-非流動	-	-	15,131,000	610,536	-	-	15,131,000	613,971	598,526	15,445	-	-

資料來源：公開資訊觀測站

　　若是股本較小的公司而持有金融資產比重較高，例如湯石照明（4972）總股本4億元，108年第4季合併資產負債表中，FVPL金融資產有1.25億元，佔總資產9％，FVOCI的金融資產有1.28億，也占了9％。我們再去看財報附註，108年金融資產虧損了2,877萬元，相當於EPS的0.75元。我們再去看FVPL金融資產的內容（見圖3-2-3），發現它的價值集中在東林科技（3609）3,962萬元，大峽谷半導體照明系統8,583萬元。不但如此，它的FVOCI金融資產主要也是這兩家公司。這兩項投資合計佔了合併總資產的18％，是相當高的占比，也就是說，這兩項持股決定了湯石照明金融資產部位的表現，如果東林科技與大峽谷照明系統同時下跌，除了影響EPS，還會影響OCI。而大峽谷照明系統是未上市公司（開曼），表示這家公司金融資產的風險分散程度不足，透明度也相對較低。

圖 3-2-3 湯石照明108年金融資產

持有之公司	有價證券種類及名稱 （註1）	與有價證券發行人之關係	帳列科目	期 末			
				股數	帳面金額	持股比例	公允價值
湯石照明科技股份有限公司	股權/TITAN AURORA INC.	無	透過其他綜合損益按公允價值衡量之金融資產-非流動	1,900 $	7,619	19.00 $	7,619
湯石照明科技股份有限公司	股權/GRIFFIN LIGHTING CO., LTD.	無	透過其他綜合損益按公允價值衡量之金融資產-非流動	68,500	1,701	19.00	1,701
湯石照明科技股份有限公司	股票/安得照明有限公司	無	透過其他綜合損益按公允價值衡量之金融資產-非流動	-	569	19.00	569
湯石照明科技股份有限公司	股票/東林科技股份有限公司	無	透過其他綜合損益按公允價值衡量之金融資產-非流動	3,860,760	72,775	12.73	72,775
湯石照明科技股份有限公司	股票/大峽谷半導體照明系統(開曼)股份有限公司	無	透過其他綜合損益按公允價值衡量之金融資產-非流動	1,700,000	45,730	4.58	45,730
洪博投資股份有限公司	股票/東林科技股份有限公司	無	透過損益按公允價值衡量之金融資產-流動	2,102,000	39,623	6.93	39,623
洪博投資股份有限公司	股票/大峽谷半導體照明系統(開曼)股份有限公司	無	透過損益按公允價值衡量之金融資產-流動	3,191,000	85,838	8.92	85,838
			合計		253,856	合計	253,856

FVOCI，影響股東權益

在IFRS9的規則之下，當金融資產放置於FVOCI時，資產價值的變動，只在股東權益項目發生變化，因此意味著公司持有多半採行長期持有的策略，可能是策略聯盟或是交叉持股等理由，處份後的已實現損益也只能放在保留盈餘。

例如，食品大廠卜蜂（1215）的108年第4季合併資產負債表上的FVOCI金融資產有21.2億元，佔總資產11％，係子公司開曼沛式有限公司持有於泰國證券交易所掛牌之股票——CPF（Charoen Pokphand Foods），成本僅2.13億元，這個項目在本書第一版時，我們認為102年若出售後可產生高達19.07億元的一次性利益。不過卜蜂至今都沒有處份，反而可以看到這項資產在107年與108年分別產生5,511萬元與3.73億元的OCI利益（圖3-2-4），這對於公司長期資本的累積與配現能力都是加分。

在109年第1季，CPF股價從28下跌到24元，約15％左右，合理預期卜蜂會出現OCI的虧損。不過四月份CPF股價已經大幅回升，當財報出現OCI虧損時資訊已經落後，對於有看財報的投資人來說可預期性就變得更高。許多公司的金融資產是未上市或流動性較低的產品，如果能長期回饋利益，在價值考量時，對於公司的股東權益與配現品質可以有較高的評價。

圖3-2-4 卜蜂108年FVOCI的評價利益

項目	附註	108 年 度 金 額	%	107 年 度 金 額	%
其他綜合損益					
不重分類至損益之項目					
8311 確定福利計畫之再衡量數		$ 1,589	-	$ 8,123	-
8316 透過其他綜合損益按公允價值 六(二) 衡量之權益工具投資未實現評 價損益		373,810	1	55,115	1
8349 與不重分類之項目相關之所得 六(二十六) 稅		(318)	-	(5,801)	-
8310 **不重分類至損益之項目總額**		375,081	1	57,437	1
後續可能重分類至損益之項目					

資料來源：公開資訊觀測站

歸類輕輕挪，損益大不同

　　本書在第2-2章中說明其他綜合損益（OCI）時，曾經點出FVOCI已實現及未實現的認列與揭露，有很大操作空間，讓金融資產成為上市櫃企業管理階層，暗地調整損益表數據的有力工具。會演變至此的原因有二：一是金融資產對於FVPL與FVOCI的判定（這二項也都可以劃分為流動或非流動資產），交付企業管理階層手上；二是在會計應計制下，對「未實現vs.已實現」的相關帳務處理。

　　簡而言之，若將金融資產歸屬於FVPL，在編製財務報表時，必須採用公允價值評價，並進行未實現損益的認列，直接對

當期淨利和EPS產生影響。而把金融資產列為FVOCI時，雖要進行評價，卻無須認列損益（如表3-2-1），但就算是「這麼一點」會計上的歸類差異，也會產生出截然不同的效果。

若就圖3-2-5的案例來看，假定企業買進A公司股票後，一直持有到賣出前，皆將它列為FVPL，在編製財務報表時，就必須「立即認列」損益。因此，在2020年的財務報表中，就必須依A公司股票年底的公允價值進行認列，所以在資產負債表中，可看到資產價值下修至700,000元，並於損益表中，直接認列300,000元的未實現評價損失；在2021年年底時，A公司股價回升，便再將資產價值上調至800,000元，並出現100,000元的未實現評價利益。而最後以95元股價售出時，則產生已實現投資收益150,000元（950,000－800,000）。

圖 3-2-5 FVPL 與 FVOCI 的帳務處理

某企業在 2020 年 5 月，以股價 100 元買進 A 公司股票 10 張，投資成本為
1,000,000 元，在賣出前的股價走勢如下：

	2020/5/1 股價100元	2020/12/31 股價70元	2021/12/31 股價 80元	2022/3/1 股價95元	2022/3/31
持股狀態	買進	繼續持有	繼續持有	賣出	損益入帳

情況1：A公司股票列為 FVPL 金融資產

財報呈現

				當期損益
B/S 帳上價值	700,000	800,000		0
I/S 評價／投資損益	(300,000)	100,000		150,000
	未實現			已實現

情況2：A公司股票列為 FVOCI 金融資產

財報呈現

				保留盈餘
B/S 帳上價值	700,000	800,000		0
I/S 評價／投資損益	0	0		(50,000)
I/S 其他綜合損益	(300,000)	100,000		已實現
	未實現			

註：B/S 表示合併資產負債表、I/S 表示合併綜合損益表。

相對地，A公司股票如果被列為FVOCI，在持有期間雖然股票的評價有變化，但因為都是「未實現」，所以不認列損益，僅在其他綜合損益中揭露盈虧情形。等到股票售出時，因為先前都沒有認列損益，便以原始成本計算，得到已實現投資損失50,000元（950,000－1,000,000）。IFRS9實施前，損失50,000元會列入本期損益，會影響EPS，但是IFRS9實施後，損失50,000元則列入保留盈餘中，不會影響EPS。

偏偏絕大多數的台股投資人向來健忘，也不會追究過去，所以常會直接接受最後結果，還誤以為FVPL的金融資產——A公司股票，在當年度讓公司「賺」了150,000元，或沒有特別留意FVOCI的金融資產價值，曾經有巨大的跌幅。其實，撇開會計帳務處理，投資人只需看各時點的股價，就可輕鬆判定這場交易的結果是虧損50,000元，但數字走進財務報表後，反而不容易判斷。

兩招細偵察，投資全都露

既然上市櫃企業管理階層這麼會藏，那麼投資人不就沒辦法知道上市櫃企業到底轉投資了哪些金融資產？是否有重大的投資虧損，會在某日爆開，吞蝕掉企業淨利了嗎？那也不盡然。其

實，在現有的法令規定下，企業都必須把這些轉投資的概況，一點一滴地寫進財務報表裡，只是投資人未必懂得找出來看。

話不多說，在這裡直接教大家兩招，不需要太多會計專業知識，也不必使用複雜的公式計算，投資人就可以判斷上市櫃企業藏起來的FVOCI金融資產，有沒有巨大的風險存在。

第1招：確認有無未實現損益

攤開投資人較熟悉的企業合併綜合損益表，確認在其他綜合損益項下，有沒有FVOCI未實現評價損失。如果有，就表示這段期間（如一季或一年）有些轉投資的價值比前一個記帳期間（或原始成本）低；如果沒有，也不能開心的太快，因為那只表示「這期」沒有損失，卻不等同沒有累積虧損被隱藏起來。所以，最保險的方式，還是直接看合併權益變動表的其他權益項目下，有沒有FVOCI金融資產未實現評價損益。

從廣達（2382）108年第4季財務報表裡的合併權益變動表中（圖3-2-6），可以清楚地看到FVOCI金融資產未實現損益項下，有5.16億元的未實現損失，往下一看，會發現這些未實現損失真的太過小兒科，因為廣達在季末的FVOCI金融資產仍有高達105.87億元的累積未實現損失。將近106億元的未實現損失，光是在紙上畫「0」都會畫到頭昏，一般人根本難以想像廣達是掉進了什麼坑，才會虧得這麼大？

圖3-2-6 廣達合併權益變動表（民國108年第4季）

	歸屬於母公司業主之權益										
	歸 屬 普通股 股 本	資本公積	法定盈餘 公積	特別盈餘 公積	未分配 盈 餘	國外營運機構 財務報表 換算之兌損	其他權益項目 透過其他綜合損益按公允價值衡量之金融資產(損)益	避險會計金融衍生資本衡量損益	非控制權益	歸屬於母 公司業主 權益總計	非控制 權 益	權益總額
民國一〇七年一月一日餘額	38,626,274	14,072,745	30,262,575	4,750,829	51,030,373	3,725,479	-	(9,712,838)	(333,094)	132,422,343	6,366,132	138,788,475
追溯適用新準則之調整數					191,760		(9,904,598)	9,712,838				
民國一〇七年一月一日實施後餘額	38,626,274	14,072,745	30,262,575	4,750,829	51,222,133	3,725,479	(9,904,598)	-	(333,094)	132,422,343	213,808	138,788,472
本期淨利					15,118,553					15,118,553	213,808	15,332,361
本期其他綜合損益					33,728	604,597	(162,137)			476,188	(720)	475,468
本期綜合損益總額					15,152,281	604,597	(162,137)			15,594,741	213,080	15,807,829
盈餘指撥及分配:												
提列法定盈餘公積			1,436,710		(1,436,710)							
提列特別盈餘公積				1,236,530	(1,236,530)							
普通股現金股利					(13,132,933)					(13,132,933)		(13,132,933)
其他權益變動:												
採用權益法認列之子公司變動數		45								45	104	149
發放子子公司取得子公司股本公積		12,492								12,492		12,492
對子公司所有權比例變動		(2)								(2)	2	-
非控制權益增減									(348,916)			(348,916)
處分透過其他綜合損益認列公允價值衡量之權益工具					(14,697)		14,697					
民國一〇七年十二月三十一日餘額	38,626,274	14,085,280	31,699,285	5,987,359	50,553,544	4,330,076	(10,052,038)	-	(333,094)	134,896,686	6,330,410	141,227,096
本期淨利					15,942,712					15,942,712	372,093	16,314,805
本期其他綜合損益					4,628	(979,586)	(515,586)			(1,490,544)	(120,554)	(1,611,098)
本期綜合損益總額					15,947,340	(979,586)	(515,586)			14,452,168	251,539	14,703,707
盈餘指撥及分配:												
提列法定盈餘公積			1,511,855		(1,511,855)							
迴轉特別盈餘公積				(265,397)	265,397							
普通股現金股利					(13,712,327)					(13,712,327)		(13,712,327)
其他權益變動:												
採用權益法認列之子公司及關聯企業變動數		(5,298)								(5,298)	83	(5,215)
發放子子公司取得子公司股本公積		10,582								10,582		10,582
非控制權益增減									(292,578)			(292,578)
處分透過其他綜合損益認列公允價值衡量之權益工具					19,781		(19,781)					
民國一〇八年十二月三十一日餘額	38,626,274	14,090,564	33,211,140	5,721,962	51,561,880	3,350,490	(10,587,405)	-	(333,094)	135,641,811	6,289,454	141,931,265

第2招：確認轉投資細目

　　想看上市櫃企業轉投資的金融資產細目有哪些，投資人可在兩個地方看得到，一個是企業合併財務報表最後的附註說明、一個是母公司的年度財務報表。翻看企業合併財務報表的附註說明，可發現在「期末持有有價證券情形」中，看到所有的投資標的—從基金投資到股票投資，都會一次列出。但是，各公司編製報表的方式在會計實務雖有規定必須揭露的事項，但編製的會計師畢竟不同，友善程度就各異。如圖3-2-7，上圖的漢唐財務報表附註說明就很易懂，讓人可以輕易看出，漢唐轉投資力晶的虧

損程度；但下圖的廣達財務報表附註說明則因為將金融資產直接以「市價」表達，反倒無法立刻看出虧損。

因此，建議投資人把企業的母公司年度財務報表調出來，直接翻到最後一部分的「重要會計項目明細表」，就可找到備供出售金融資產的所有明細。像是圖3-2-8便可清楚看到廣達備供出售金融資產的取得成本和市價，從友達（2409）、聯發科（2454）和明泰科（3380）的持有成本和市價的差異看來，這三家公司當中的友達（2409）就是讓廣達在金融資產轉投資部分受重傷的元凶，三家公司於101年12月31日的未實現損失合計數就高達65.76億元。再加計為符合IFRSs新制規定而產生約25億元的轉換影響數，便堆出近90億元的備供出售金融資產未實現損失。

圖 3-2-7 企業財務報表的附註說明案例

漢唐集成股份有限公司及其子公司合併財務季報告附註（續）

期末持有有價證券情形

單位：新台幣千元

持有之公司	有價證券種類及名稱	與有價證券發行人之關係	帳列科目	股 數	帳面金額	持股比率	市 價	備註
本公司	股票－中興電工	－	公平價值變動列入損益之金融資產－流動	7	162	－	115	
〃	股票－南科	－	〃	634	19,928	－	2,434	
〃	股票－茂德	－	〃	966	16,603	－		
〃	股票－宏碁	－	〃	1,400	94,044	0.05	36,470	
					130,737		39,019	
	加：評價調整				(91,718)			
	合 計				39,019			
〃	股票－力晶	－	備供出售金融資產－流動	7,415	174,035	0.33	2,225	
	加：評價調整				(171,810)			
	合 計				2,225			
〃	股票－江西建工	－	以成本衡量之金融資產－非流動	註二	497,290	19.80	註三	
〃	股票－台灣電腦	－	〃	2,303	19,668	8.91	註三	
〃	股票－Aetas Technology Inc.	－	〃	151	－	0.30	註三	
〃	股票－USA Global	－	〃	103	330	0.28	註三	
〃	股票－智威科技	－	〃	76	592	0.23	註三	
〃	股票－嫀星電子	－	〃	12	－	0.05	註三	

廣達電腦股份有限公司及其子公司合併財務季報告附註（續）

期末持有有價證券情形

單位：新台幣千元

持有之公司	有價證券種類及名稱	與有價證券發行人之關係	帳列科目	股 數	帳面金額	持股比率	市 價	備 註
	受益憑證							
本公司	統一強棒基金	－	備供出售金融資產－流動	26,174,779	425,552	－	425,552	
〃	復華債券基金	－	〃	37,830,795	532,502	－	532,502	
〃	復華有利基金	－	〃	524,504	6,885	－	6,885	
〃	華南永昌鳳翔基金	－	〃	16,643,143	263,872	－	263,872	
〃	華南永昌麒麟基金	－	〃	8,664,902	101,178	－	101,178	
〃	聯邦債券基金	－	〃	34,887,868	448,295	－	448,295	
〃	台新1699債券基金	－	〃	7,426,931	97,672	－	97,672	
〃	日盛債券基金	－	〃	8,279,342	119,126	－	119,126	
〃	未來資產所羅門債券基金	－	〃	26,602,574	326,507	－	326,507	
〃	第一金台灣債券基金	－	〃	2,254,116	33,515	－	33,515	
〃	富邦吉祥基金	－	〃	24,144,454	368,710	－	368,710	
〃	寶來得寶基金	－	〃	29,380,208	343,537	－	343,537	
〃	兆豐國際金鑽基金	－	〃	36,863,331	448,859	－	448,859	
〃	保德信債券基金	－	〃	6,435,231	99,008	－	99,008	
〃	瀚亞威寶基金	－	〃	2,082,213	27,542	－	27,542	
	受益憑證							
〃	元大萬泰基金	－	〃	22,628,812	333,540	－	333,540	
〃	第一金金富福基金	－	〃	2,403,331	417,129	－	417,129	
〃	國泰債券基金	－	〃	20,593,198	250,098	－	250,098	
〃	台新真吉利基金	－	〃	97,632,597	1,057,381	－	1,057,381	
〃	柏瑞巨輪債券基金	－	〃	4,458,885	59,678	－	59,678	
〃	華頓平安基金	－	〃	17,819,278	200,281	－	200,281	
〃	群益安穩基金	－	〃	15,950,112	250,238	－	250,238	
〃	新光吉星基金	－	〃	7,777,910	117,318	－	117,318	
〃	ING債券	－	〃	11,015,008	174,818	－	174,818	
	普通股							
〃	友達光電(股)公司	－	〃	254,839,590	3,363,883	2.89 %	3,363,883	
〃	聯發科技(股)公司	－	〃	119,386	40,830	0.01 %	40,830	
〃	明泰科技(股)公司	－	〃	1,237,195	24,125	0.25 %	24,125	
〃	展茂光電(股)公司	－	〃	1,579	－	－	－	
〃	致新科技(股)公司	－	備供出售金融資產－非流動	1,143,926	112,333	1.33 %	112,333	

資料來源：公開資訊觀測站，102年第1季合併財務報表

圖3-2-8 廣達備供出售金融資產明細表（民國101年12月31日）

廣達電腦股份有限公司
備供出售金融資產－流動明細表
民國一○一年十二月三十一日

單位：新台幣千元

金融商品名稱	摘要	股數或張數	面值	總額	利率	取得成本	累計減損	公平價值 單價	公平價值 總額	備註
普通股										
友達光電（股）公司	上市股票	254,839,590	—	—	—	$ 9,889,502	—	13.00	3,312,915	—
聯發科技（股）公司	〃	119,386	—	—	—	38,620	—	323.50	38,621	—
明泰科技（股）公司	〃	1,257,195	—	—	—	24,066	—	19.45	24,453	—
虎茂光電（股）公司	公開發行	1,579	—	—	—	—	—	—	—	—
小計						9,952,188	—		3,375,989	—
受益憑證										
統一強棒基金	開放型基金	4,571,426	—	—	—	74,194	—	16.23	74,197	—
復華有利基金	〃	18,561,679	—	—	—	260,832	—	14.05	260,838	—
復華有利基金	〃	524,504	—	—	—	6,873	—	13.10	6,873	—
華南永昌鳳梨基金	〃	12,971,314	—	—	—	205,333	—	15.83	205,341	—
華南永昌麒麟基金（台銀郵滙）	〃	7,790,791	—	—	—	90,827	—	11.66	90,830	—
聯邦債券基金	〃	874,111	—	—	—	10,000	—	11.66	10,191	—
台新1699基金	〃	75,038,360	—	—	—	962,582	—	12.83	962,615	—
日盛債券基金	〃	1,931,840	—	—	—	25,363	—	13.13	25,363	—
未來資產所羅門債券基金	〃	1,313,583	—	—	—	18,867	—	14.36	18,868	—
第一金台灣債券基金	〃	20,555,121	—	—	—	251,860	—	12.25	251,870	—
富邦市場精靈基金	〃	2,254,116	—	—	—	33,459	—	14.84	33,461	—
元大寶來吉祥貨幣基金	〃	17,588,238	—	—	—	268,147	—	15.25	268,157	—
兆豐國際寶鑽基金	〃	27,876,652	—	—	—	325,400	—	11.67	325,407	—
保德信債券基金	〃	20,436,766	—	—	—	248,399	—	12.15	248,407	—
瀚亞成長基金	〃	6,435,231	—	—	—	98,861	—	15.36	98,864	—
元大寶來萬泰基金	〃	2,082,213	—	—	—	27,494	—	13.20	27,495	—
第一金全球精選基金	〃	31,922,866	—	—	—	469,723	—	14.71	469,732	—
國泰債券基金	〃	926,588	—	—	—	160,560	—	173.29	160,566	—
台新吉利基金	〃	12,351,146	—	—	—	149,775	—	12.13	149,780	—
柏瑞巨輪債券基金	〃	22,661,708	—	—	—	245,005	—	10.81	245,023	—
華頓平安基金	〃	4,458,885	—	—	—	59,589	—	13.36	59,591	—
群益安穩基金	〃	8,912,021	—	—	—	100,000	—	11.22	100,007	—
ING債券	〃	3,192,440	—	—	—	50,000	—	15.66	50,000	—
新光吉星基金	〃	4,713,771	—	—	—	74,692	—	15.85	74,694	—
	〃	3,320,384	—	—	—	50,000	—	15.06	50,000	—
小計						4,267,835			4,268,170	
合計						14,220,023			7,644,159	
減：備供出售金融資產評價損失						(6,575,864)				
						$ 7,644,159				

資料來源：公開資訊觀測站

　　本書於102年舉例了漢唐（2404）轉投資力晶虧損1.7億元，帳列備供出售金融資產（如圖3-2-7），事隔7年到現在，採用IFRS9時，備供出售已改帳列於FVPL，同時力晶的公允價值也大幅提高（如圖3-2-9）。由於今年第4季力晶有可能減資換股力積電，如果力晶操作成功，對漢唐未來也是不無小補。有興趣追蹤的投資人可以靜待觀察這件事情的發展。

圖3-2-9 漢唐108年財務報表附註

單位：新台幣千元

持有之公司	有價證券種類及名稱	與有價證券發行人之關係	帳列科目	期　末				期中最高持股或出賣情形	備註
				股　數	帳面金額	持股比率	公允價值		
本公司	股票－南科	－	透過損益按公允價值衡量之金融資產－流動	63	5,292	－	5,292		
〃	股票－台中銀	－	〃	100	1,204	－	1,204	－	
〃	股票－宏碁	－	〃	1,400	24,990	0.05	24,990	0.05	
〃	股票－中華電	－	〃	26	2,860	－	2,860		
〃	股票－力晶	－	〃	10,566	157,187	0.34	157,187	0.34	
〃	股票－力積電	－	〃	1,153	22,646	0.04	22,646	0.04	
	合　計				214,179				
〃	股票－台灣電腦		透過損益按公允價值衡量之金融資產－非流動	374	3,522	9.65	3,522	9.65	
〃	股票－普訊捌割投	－	〃	722	2,825	1.67	2,825	1.67	
〃	股票－Aetas Technology Inc.	－	〃	91	-	0.3	-	0.3	
〃	股票－智威科技	－	〃	15	-	0.07	-	0.23	
〃	股票－綠星電子	－	〃	1	-	0.01	-	0.05	
〃	股票－茂德	－	〃	2	-				
	合　計				6,347				
〃	股票－江西建工	－	透過其他綜合損益按公允價值衡量之金融資產－非流動	註一	2,051,779	19.8	2,051,779	19.8	

資料來源：公開資訊觀測站

　　就投資人的立場而言，上市櫃企業應努力經營本業，持續創造營收和獲利，才是王道；但就財務規劃角度，企業能妥善運用資金，透過轉投資體質良好的金融資產，賺取些業外收益，也不為過。因此，在台股市場中，無論規模大或小的企業，帳上都會有些金融資產。只是，有些企業投資屬性較保守，金融資產就多屬於基金或債券類，股票投資比重偏低；有些企業則較大膽，帳上的金融資產幾乎都是股票投資。但是若操作過頭，把自己當成投信公司或「台灣50」般，買進一大堆金融資產，有賺也就罷了；要是買到像友達等慘業個股或暴跌股盈正的情況，麻煩就大了。

　　像是陞泰科技（8072）持股當中有元大0050反1這樣的投機性的金融商品，在107年就持有了900張，到了108年底剩下100張，在108年台股大漲過程，公司也跟著認列方向判斷錯誤的損失。

　　所以，投資人在挑選投資標的時，最好避開喜歡炒股的上市櫃公司，避免陪著企業管理階層一起承擔風險。

IFRS9對投資人的利益

　　前面講了很多金融資產衡量的運作方式，投資人可能還似懂

非懂，但回到IFRS9的基本精神，評價方式與過去相比並沒有變得更複雜。而對投資人的核心價值是，IFRS9規定了金融資產的分類，符合現金流量測試的純債務工具，公司可以依照經營模式放在FVPL、FVOCI與AC三項當中；不符合現金流量測試的股票、基金、衍生性商品都只能放在FVPL，或是一開始就放在FVOCI。

FVPL的好處是隨季在當期損益變動，投資人看得見。當公司將金融資產歸類為FVPL時，為了避免讓金融資產的價值變成過山車，通常公司會偏好上漲過程將持股出售以落袋為安，未來資產的股價下跌就不會變成利益回吐。

當公司將金融資產歸類為FVOCI的時候，心態只有三種：第一是不用認列當期損益，第二是不用認列當期損益，第三是不用認列當期損益。因為很重要，所以要講三遍。但這樣衡量當然有好有壞，好的地方是企業的確是想長期持有而不會經常出售或交易，壞的地方是公司想要隱藏金融資產的損益，特別是沒有公開市場的權益或衍生性商品，不容易查核其公允價值，這些項目占總資產的比率越高相對來說風險就會越高。

而對於金融資產複雜度高的金融股，為了希望對於損益與股東權益影響不要太大，金控銀行多半會在持有標的中再進行避險，至於最後總結果還是要看長期的損益變化。由於金控股金融

資產部位都相當大，有時候自結損益出來的時候也不要高興太早，可能正式財報出來，按FVOCI金融資產賠了一屁股，這時候金控股的配現能力就被壓縮。對於只看金控股損益就盲目存股的投資人來說，實在需要好好衡量金控股的價值，小心賺了損益，卻失了配息。

3-3

營收從此不能急著認列：
顧客忠誠度計畫

　　1979年起，24小時營業的連鎖便利商店，開始融入台灣人的生活中。至今，台灣的便利商店密度稱霸全球，平均每3,000人就對應一家便利商店，而我們也開始習慣皮包裡有各種贈品的集點卡，在便利商店遇見親朋同事，總不忘親切招呼一句：「嗨，今天集點了嗎？」

　　是什麼時候開始，大家開始對集點贈獎活動樂此不疲？這可以回顧2005年，台灣便利商店龍頭統一超（2912）展開史無前例的「全店整合式行銷」活動，凡消費滿新台幣77元，就可以隨機得到一款Hello Kitty磁鐵，並隨袋附贈商品折價券。人氣卡通角色的周邊產品，掀起全台蒐集熱潮，為便利商店的行銷策略開啟新的一頁。

顧客忠誠度計畫＝砸錢讓顧客忠實地掏錢

現在不只統一超，競爭對手如全家、萊爾富、OK便利店等，也競相投入集點贈獎的戰局，搭配各種主題行銷，往後類似活動如雨後春筍般冒出，希望消費者在樂此不疲地收集卡通公仔、造型原子筆、人氣角色馬克杯的同時，被潛移默化為該便利店的忠實客戶。

集點熱潮的背後，除了許多企管專家指出，忠誠客戶的多寡與催生，與企業的競爭力息息相關，另外也有統計數據指出，當企業能留住多出5%的顧客，便能提升25%到100%的獲利。

因此，各廠商莫不卯足了勁，砸錢執行顧客忠誠度計畫，好催生鐵票顧客群。除了大家耳熟能詳的超商通路業，金融業的信用卡紅利積點、辦卡送贈品，已經是必備條件，此外還有消費累計飛航里程數、紅利折抵刷卡金、刷卡購票免收轉帳費、累計刷卡次數換咖啡……等令人目不暇給的花樣，就是預防消費者剪卡。還有許多針對消費者需求的廠商聯名卡孕育而生，甚至有銀行與知名廟宇合作，推出瞄準信眾客群的「神明卡」，將卡友名冊保存在廟宇中誦經祈福，信用卡上有神明金身加持，讓卡友意圖剪卡之際不得不三思，甚至號稱連還款也有神明監督，比一般卡用戶更積極。

　　另外一定要提的，是百貨業滿千送百、滿萬送千的周年慶活動。各百貨公司會錯開檔期，各自舉辦周年慶，在櫃位、商品大同小異的情況下，除了用特價堅守主顧客層，更重要的是吸引中價位消費力的游離客，在周年慶期間「效忠」該公司，努力衝高營業額。

　　執行這些客戶忠誠度計畫都需要成本，超商送人氣卡通的周邊產品要支付版權費、製作費，金融業、百貨業要自行吸收紅利點數折抵或周年慶活動的金額，舊制中在銷售行為發生時，即全額認列為收入，廠商接著估計顧客將兌換多少額度的贈品，將其金額列為成本或費用、應付費用（負債）。

忠誠度計畫成果，先列入遞延收入（負債）

　　IFRSs 新制不斷提醒企業：別急著吃棉花糖。投資人若想徹底理解新舊制的差異，就必須不斷去問同樣的問題：「對廠商來說，現金已經入帳了嗎？對消費者來說，他們已經拿到回饋了嗎？對雙方來說，交易已經完成了嗎？」

　　在兌換便利商店的集點贈品時，消費者經常有因為贈品太熱門，必須改填預購單的經驗，接下來得等待一段時日，很可能是幾星期甚至數個月後，才能真正拿到贈品。周年慶拿到的折扣券

　或抵用券，也不見得能在同一個檔期使用，要等到廠商規定的使用期間才生效。

　　因此仔細拆解顧客忠誠度計畫，可以畫分為兩種不同的交易類型：第一是消費者購買的商品與勞務；第二是對應消費而產生的點數、紅利等。因此 IFRSs 新制規定，企業應該針對點數的部分，以過去兌換獎項的機率為基準，來推估並將估算出來的公允價值列為遞延收入（負債），到客戶未來實際兌換時，才認列為收入（表3-3-1）。

表3-3-1 **常見的顧客忠誠度計畫**

類型	常用行業	舊制[註]	IFRSs 新制
集點換贈品、服務、折價券	藥妝店、便利店、餐廳	銷售點：即全額認列為營業收入，並且估計顧客將兌換多少額度的贈品，將金額列為成本或費用、應付費用。	1. 消費者購費的商品與勞務 銷售點：立即認列為營業收入 2. 對應消費而產生的點數、紅利 銷售點：估計並且遞延點數的公允價值，做為遞延收入（負債） 兌換點：在客戶真正兌換時，才認列為營業收入。
紅利積點換贈品、折抵帳單金額	金融業、航空業		
滿額送抵用券、贈品	百貨業		

註：舊制下，信用卡紅利積點所產生之負債，應於點數發生時估列，並認列為推銷費用。

　　說了這麼多，大家可能心中會產生疑惑，「究竟這對我們投資有什麼影響呢？」值得我們注意的地方可以分為二部分：一是對 101 年 12 月 31 日淨值的影響；二是對未來營收動能、獲利的影響。

　　101 年 12 月 31 日的合併資產負債表，原本已經按照舊制編製，但因 102 年採用 IFRSs 後，102 年、101 年二年的資料都要以新制嶄新面貌呈現，所以需要將 101 年 1 月 1 日、101 年 12 月 31 日追溯重編。

　　以長榮航（2618）為例（表 3-3-2），採用新制顧客忠誠度計畫後，原先已認列的營業收入將無法認列，因此 101 年 12 月 31 日增加遞延收入（負債）17.4 億元，同時減少未分配盈餘（股東權益）17.4 億元，因此淨值將減少 17.4 億元。

　　不過也有百貨業者，如統領（2910）、F-大洋（5907），此項新制目前對其淨值沒有任何影響。

表3-3-2 顧客忠誠度計畫對個案企業之影響

單位：千元

企業	合併資產負債表			101年 合併綜合損益表 (4)
	101年1月1日（開帳日）(1)	101年12月31日 (2)	變動 (3)=(2)-(1)	
統一超（2912）	遞延收入 ↑377,268 未分配盈餘 ↓230,135	遞延收入 ↑339,006 未分配盈餘 ↓168,463	遞延收入 ↓38,262	營業收入 ↑73,611
特力（2908）	遞延收入 ↑197,870 未分配盈餘 ↓197,870	遞延收入 ↑193,002 未分配盈餘 ↓193,002	遞延收入 ↓4,868	營業收入 ↑4,868
統領（2910）	–	–	–	–
F-大洋（5907）	–	–	–	–
華航（2610）	遞延收入 ↑2,182,695 應付費用(註) ↓67,827 未分配盈餘 ↓2,114,868	遞延收入 ↑2,636,952 應付費用 ↓2,361 未分配盈餘 ↓2,634,591	遞延收入 ↑454,257 應付費用(註) ↑65,466	營業收入 ↑454,257 營業費用 ↑65,466
長榮航（2618）	遞延收入 ↑1,777,246 未分配盈餘 ↓1,777,246	遞延收入 ↑1,739,795 未分配盈餘 ↓1,739,795	遞延收入 ↓37,451	營業收入 ↑37,451
中信金（2891）	遞延收入 ↑983,918 應付費用 ↓983,918 未分配盈餘 –	遞延收入 ↑919,061 應付費用 ↓919,061 未分配盈餘 –	–	手續費收入 ↓911,097 業務及管理類用 ↓911,097

註：華航的應付費用，在合併資產負債表上，項目為「應付費用－酬負債」。

資料來源：公開資訊觀測站，102年Q1合併財務報表

緊盯遞延收入（負債）增減，看出未來企業營收動能

　　未來投資人對於遞延收入，可以將其視為企業先預收現金，隨著消費者來兌換點數、紅利，再逐步認列營業收入。「殺頭的生意有人做，賠錢的生意沒人做」，就算是點數、紅利部分，通常還是有利可圖，隨著遞延收入（負債）漸漸轉認列為營業收入，對於企業的營業收入、獲利動能都將有所貢獻。觀察合併資產負債表上遞延收入的「眉角」如表3-3-3。

　　我們可以從表3-3-2第(3)欄及第(4)欄，試著來看出企業營收動能。以華航（2610）為例，遞延收入（負債）增加454,257千元時，代表101年先預收現金，依新制無法於101年認列為營

表3-3-3　遞延收入的觀察重點

遞延收入（負債）	情景描述
愈來愈大	企業先預收現金（CFO）。 未來隨著消貨者兌換點數、紅利將成為營收、獲利動能，但未來不再有現金的流入。
維持不變	本期間（季或年）預收現金與兌換點數、紅利部分相等。 遞延收入餘額未來仍將成為營收、獲利動能。
愈來愈小	企業之前預收現金產生的負債，已在本期間（季或年）經消費者兌換並認列營收、獲利。 未來再貢獻營收、獲利的部分變少。

業收入,因此減少101年營業收入454,257千元,但這部分會是未來的營收動能;相反地,特力(2908)遞延收入(負債)減少4,868千元,代表預收現金部分,已在101年經消費者兌換,營業收入即增加4,868千元,但未來貢獻營收的部分就減少了。

IFRSs新制除了更貼近直覺,也教投資人要睜大眼睛,弄清楚廠商的獲利究竟是近在眼前,亦或遠在天邊,不會再被灌水的營收沖昏了頭;新制也減少了企業美化財務報表的空間,往後要檢視一項顧客忠誠度計畫是否成功,會計資訊也更加透明。

3-4

再會了，建商最愛的 「完工比例法」

2005 年起，遠雄建設以新北市三峽區台北大學為核心，在其後約五年的時間，展開連續十期開發案，總銷金額近新台幣 500 億元，之後皇翔、麗寶、太子、中悅、茂德、寶佳等多家建商也陸續進場。造鎮計畫迄今已長達 8 年，2013 年 6 月，遠雄建設發表市調，評估三峽造鎮下的房產總值，從新台幣 1,000 億元漲到 2,500 億元，宣稱三峽台北大學城一帶，房市價值連翻 2.5 倍。

姑且不論建商圈地造鎮的盛會，是否當真讓市井小民從中獲利，但是對股票投資人與廣大的散戶來說，建商的獲利與股價漲跌息息相關，與自己的荷包密不可分。然而值得注意的是，金管會在 2009 年 5 月中旬公告，台灣上市、櫃及興櫃公司最慢應從 2013 年開始，依照 IFRSs 編製財務報表，並且要求 2011 年、2012 年期中財務報表及年報中，必須收錄附註，揭露採用 IFRSs 的影響。因此許多上市櫃建設公司，已於 2012 年採用完工比例

法認列收益,但由於跨期至2013年未完工,又為了2013年導入
IFRSs完工交屋時認列收益一次入帳。因此,為了消除2012年先
前已經認列之收益,在資產負債表中的保留盈餘扣除。而完工交
屋日落在2013年第1季者,又把2012年曾經認列過的收益,「再
一次」變成營業收入。所以,2013年第1季,我們見到許多營建
股營收獲利爆衝,但每股淨值卻大幅下降的案例(圖3-4-1)。

圖3-4-1 IFRSs上路,上市櫃建商每股淨值波動情況

股號	公司	2012年底每股淨值(元)	2013年首季每股淨值(元)
2547	日勝生	24.30	9.00
1805	寶徠	11.80	6.86
5514	三豐	15.00	8.74
6186	新潤	13.29	9.52
5534	長虹	52.60	48.80

資料來源:102年第3季證券分析師考題

　　全面導入IFRSs後,對台灣各產業必然有程度不一的衝擊,
但對營業週期較長的營建業,營業收入認列的方式將會有大幅變
動,尤其從2013年起要告別建商最愛的「完工比例法」,迎接
「完工交屋一次認列」,並追溯重編2012年原本以「完工比例法」
風光認列的數字,正式面臨新制度的挑戰。因此,投資人務必要

了解IFRSs新制的衝擊，才能真正選對股、賺到錢、發現問題、避開地雷。

完工比例法——營建業財報的最強美妝術

目前台灣的房地產建案以預售屋為主流，通常在確認有80%的案件都承銷出去後，建商便會動工，照理而言必須全部完工後，買方才願意銀貨兩訖，這時候建商才真正有現金入袋。

俗語說：「羅馬不是一天造成的。」一個建案從規劃、預售、動工、完工到交屋，經常已經超過一年或數年的時間，這段期間並沒有真正的營業收入，但建商還是得不斷投入營業成本，直到走完最後一里路為止。

如表3-4-1所示，即使我們活在一個零利率的世界，即便總營業收入、總營業成本、總營業毛利通通相同，但採用完工交屋時一次認列，就意味著綜合損益表上連續掛零兩年！如此，必然讓投資人與股東產生疑慮，不僅公司股價下跌，還會讓募資更困難，更甭談真實世界中還要考慮通貨膨脹率、折現率、匯率等可能讓錢越來越薄的複雜因素。

因此，建商偏好用完工比例法來認列損益，配合工程進度，於施工期間按比例認列相關營業收入及營業成本，這項堪稱營

表 3-4-1 完工比例法 vs. 完工交屋時認列

採用完工比例法，年年有獲利				
	第一年	第二年	第三年	合計數
營業收入	30	30	40	100
營業成本	18	18	24	60
營業毛利	12	12	16	40
完工比例	30%	30%	40%	100%

採用完工交屋時認列，綜合損益表上連續掛零兩年！				
	第一年	第二年	第三年	合計數
營業收入	0	0	100	100
營業成本	0	0	60	60
營業毛利	0	0	40	40
完工比例	30%	30%	40%	100%

建業最強美妝術的會計原則。在導入 IFRSs 之前，若符合下列條件，就可採完工比例法認列售屋利益：

1. 工程之進行已逾籌劃階段，亦即工程之設計、規劃、承包、整地均已完成，工程之建造可隨時進行。
2. 預售契約總額已達估計工程總成本。
3. 買方支付之價款已達契約總價款 15%。
4. 應收契約款之收現性可合理估計。

5. 履行合約所需投入工程總成本與期末完工程度均可合理估計。

6. 歸屬於售屋契約之成本可合理辨認。

　　而在導入 IFRSs 後，除非是買方指定建案的主要結構，建商才可以用完工比例法，不然只能使用在完工交屋時一次認列。在住宅需求上，買方可以針對部分內部裝潢提出變更設計的要求，但這些要求，並不是「變動主要結構的設計」，這也讓建商驚覺到──未來的住宅建案，將無法規避完工交屋時認列的會計原則。

　　以營建業績優生長虹（5534）為例，101 年 EPS 21.28 元，102 年第 1 季 EPS 再達 19.72 元，投資人可別滿心歡喜，誤以為建商連續二年都能繳出 EPS 近 20 元的好成績。會產生這種錯覺，主要因商辦新凱旋於 101 年早已先按完工比例法認列一次，配合 IFRSs 新制完工交屋時認列的實施，101 年綜合損益表必須追溯重編，調整後 EPS 僅有 8.21 元。102 年第 1 季因為商辦新凱旋全部完工，重覆認列第二次，因而再次推升 102 年的每股盈餘表現（圖 3-4-2）。

　　當 IFRSs 讓會計的大原則更貼近現實，因此，建商必須更留意各個建案的排程，將完工時間做更好的排列組合，以免任何一年營收、獲利掛零，為了避免這種掛零的情形，像冠德（2520）、日勝生（2547）早已跨足購物中心與飯店，進行多角化經營。而投資人要評估營建股，在 102 年可以留意 102 年的獲利是否屬於重覆認列，在未來更要注意建商的個別建案於何時完

圖 3-4-2 完工比例法 vs. 完工交屋時認列對長虹每股盈餘之影響

資料來源：公開資訊觀測站

工一次認列，何時進入認列高峰期，要好好掌握利多實現前進場、利多出盡時出場的原則。

隱藏的遞延推銷費用將浮出檯面

　　建商賣房子的成本並不只有「萬丈高樓平地起」，還包括了廣告費、銷售費、人事費等各式各樣的支出，在講究行銷包裝、感動服務的現在，預約賞屋專人服務、給予紙本DM早已不稀奇，做出精美的power point簡報也成為基本款，建商各出奇

招，有時不僅能看到微電影式廣告，甚至還能享受建商供應的下午茶、餐盒等，而這一切其實都是成本。

即使羊毛出在羊身上，但在買家確定拿出錢來買房前，這些支出都屬於「預付性質」，即使錢已經花下去了，但考量效益尚未實現，所以過往台灣的法規准許這些費用遞延入帳——採全部完工法時，在建案竣工、認列收入的年度轉列費用；採取完工比例法的話，則按比例來計算並轉列費用。

這樣的制度，也讓建商有空間可以降低帳面上的費用，來美化 EPS，許多該認列的費用一延再延，甚至會發生建商找理由硬扯是遞延支出，也不願意費用化的情況。而 IFRSs 中，有關廣告及銷售等相關支出，應於發生時認列為當期費用，讓建商不再有理由迴避「不願面對的真相」。

以冠德（2520）與遠雄（5522）因應遞延推銷費用，從 IFRSs 新制方式分析如表3-4-2，冠德在追溯重編101年12月31日的合併資產負債表時，依新制規定，預付款項、未分配盈餘同時減少4.15億元，在調整101年綜合損益表時，亦增加了推銷費用1.33億元。然而，遠雄在追溯重編101年12月31日的合併資產負債表時，僅將遞延推銷費用移轉到另一個資產項目預付款項上，還是未將這些推銷費用予以費用化，或許可以解釋造鎮計畫的行銷效應仍在，但卻在在顯示 IFRSs 新制提供企業許多「專業判斷」的空間。

表3-4-2 **新制財報下，冠德與遠雄如何因應遞延推銷費用**

單位：千元

	冠德		遠雄	
	會計項目	金額	會計項目	金額
101年12月31日合併資產負債表	預付款項（ROC舊制）	714,550	遞延推銷費用（ROC舊制）	1,533,823
	預付款項（IFRSs新制）	299,600	遞延推銷費用（IFRSs新制）	0
	預付款項影響數	↓414,950	遞延推銷費用影響數	↓1,533,823
	未分配盈餘影響數	↓414,950	預付款項影響數	↑1,533,823
101年綜合損益表	推銷費用影響數	↑133,080	推銷費用影響數	0

註：冠德的遞延推銷費用於合併資產負債表中，帳列預付款項。

投資人在進行企業財務報表比較時，除了了解以上會計原則改變對於收入認列時點，以及對當期或未來損益的影響外，就長期來說，費用就是費用，最終還是要在損益表當中成為支出，其實各建案的總收入並沒有改變，這點務必多加留意。

趁著IFRSs全面施行的機會，投資人必須學會從報表的數字中找出玄機，在產業面上，不只是建商，所有企業都應該訂定採用新會計原則的計畫，考量營運狀況、變更會計制度的影響範疇，並且走在法規之前進行沙盤推演，讓企業體質能夠承受IFRSs「透明化」的衝擊，讓未來與國際接軌時更順利。

存貨變動的祕密

存貨是企業經營過程中的重要項目，對於存貨總額高與存貨週轉率低的企業而言，存貨對經營績效的影響非常顯著。這一章便是要告訴讀者，對過去存貨的分析只著重在「存貨週轉率」與「存貨金額變化」，並且「搭配現金流量表觀察」。但在IFRSs之下，存貨對綜合損益表有不同以往的表達方式，投資人務必了解。

存貨變動，各行各業大不相同

存貨對投資有意義的地方，可以概略分成兩個類別，一類是電子製造業，存貨以原料、在製品或是製成品為主，另一類是其存貨價值與商品價格（Commodity）高度正相關的傳統產業。一般電子業的存貨一旦發生價格下跌，就不會漲回來。當然，以服務為主的服務業，其存貨價值不易認定而且無法儲存，因此存貨總金額低，對於經營績效影響不鉅，所以不必刻意分析。但是如果

是存貨價值與商品價格高度正相關的製造業，在景氣與全球原物料下跌的時候，在綜合損益表發生的存貨跌價損失，我們可以在原物料商品價格大幅上漲之後，期待有可能發生的存貨回升利益。

銷售平板電腦或是智慧型手機的公司，其存貨可能是生產過程中的在製品或是未出售的製成品，由於時間推移，原本的新產品已經變成舊產品，對於這些已經是上個世代的產品，不但難以售出，更難評估其存貨的價值。根據保守穩健原則，建議讀者可以將大多數電子產業的存貨跌價損失當作「一去不回頭」，不需要期待存貨回升利益。

但是許多直接採購原物料的傳統製造產業，例如鋼鐵、塑化，或是一些較特殊的電子產業，其存貨價值與商品價格高度正相關，則會發生存貨回升利益的金融事件，雖然公司本業營運狀況無太大改變，但在存貨回升利益加持 EPS 的利多之下，投資人經常還是會迷失方向。

勿單用財務比率立判經營績效

有關存貨跌價損失與存貨回升利益（以下簡稱存貨損益）的表達與揭露，過去存貨損益都放置在損益表的營業外損益來表達，但是現在 IFRSs 新制規定，存貨損益是放置在損益表的營業

成本，這將顛覆我們對於毛利率的分析方法。

　　我們舉一個簡化過的例子，如圖3-5-1的情況，假設一家公司在100年至102年的經營模式一致：原始購入成本是70元，營業收入為100元，毛利率為30%，如果一年後手上持有的存貨價格下跌20元，這時會變成營業成本的加項，營業成本上升到90元，投資人會驚見，101年該公司毛利率大幅下降，似乎是出現企業競爭力衰退的警訊。

　　再隔一年，存貨價格回升到100年的水準，這時候要認列存貨價格上漲20元的回升利益，就會出現營業成本由70元下降到50元，毛利率大幅回升變成50%，不明就裡的投資人還以為企業經營績效上升，而沾沾自喜著，殊不知，只不過是把101年的錢放回了102年而已，企業的本質並沒有大幅改變。不管是舊制還是IFRSs新制，不管放置在業外收支還是營業成本，最終的企業淨利仍然相同，改變的是那些單看財務比率變化就進行投資決策的投機心態。

圖3-5-1 存貨價值變動對於毛利率的影響

期間	100年	101年	102年
營業收入	100元	100元	100元
營業成本	70元	90元	50元
毛利率	30%	10%	50%

沒事幹，總比存貨上沖下洗好

　　第一伸銅（簡稱第一銅，2009）是專門生產銅片與纜線的傳統製造業，是一間每年EPS約賺個1元上下、現金股利半毛錢到一塊錢的無聊公司，股本僅新台幣35億元。在2008年金融海嘯的時候，EPS賠到−1.77元，看起來絕對不會是個熱門與亮眼的投資標的，投資人可能還會認為有很大的營運危機。

　　到了2009年初，我們可以看到其97年度財務報告書揭露，其存貨跌價損失在損益表的業外損失金額高達6.7億元（如圖3-5-2），這時候初步估計存貨跌價損失竟占將近2元，也就是說，本業賺的錢全部被業外存貨損失給吃掉了。（註：第一銅沒

圖 3-5-2 第一銅97年度損益表，存貨跌價高達6.7億元

單位：千元

		97年度		96年度	
		金　　額	%	金　　額	%
7500	營業外費用及損失：				
7510	利息費用	29,309	-	25,592	-
7521	採權益法認列之投資損失淨額(附註四(四))	-	-	1,137	-
7530	處分固定資產損失	871	-	296	-
7540	處分投資損失	256	-	981	-
7570	存貨跌價及呆滯損失	673,367	10	6,513	-
7630	減損損失(附註四(一))	6,999	-	7,689	-
7640	金融資產評價損失淨額(附註四(一))	33,420	-	-	-
7880	什項支出(附註七)	2,967	-	4	-
		747,189	10	42,212	-

資料來源：公開資訊觀測站

有持股>50%的子公司，不須編製合併報表，故以下內容以母公司報表分析之。）

　　這時候投資人心裡就要有個底，這家在金融海嘯時本業有賺錢，只是被存貨跌價損失全部吃光的公司，哪天原物料商品價格（Commodity）回升之後，就會上演損益表的王子復仇記。果不其然，2009年國際銅、鎳價大幅回升，LME（倫敦金屬交易所）現貨銅價由年初每公噸不到3,000美元，上漲到年底的每公噸7,000美元，足足翻了一倍（如圖3-5-3，在銅、鎳價上漲的過程中，第一銅一直受到存貨上漲的趨勢，也步步走高。）

圖3-5-3 2009年國際LME現貨銅價走勢圖

資料來源：鉅亨網

　　等到2010年初，公布了98年度財務報告書，我們終於見到存貨價格變動的威力。第一銅這家公司98年到97年之間存貨總金額皆在17億元的水準（圖3-5-4），沒有大幅變動，但當年度損益表中營業收入由70.1億元減少到45.9億元，營收大幅減少，EPS卻賺了1.77元。

圖3-5-4 第一銅98年度資產負債表

單位：千元

資　　　產		98.12.31		97.12.31	
		金　　額	%	金　　額	%
11~12	流動資產：				
1100	現金及約當現金	$　221,858	4	260,592	6
1310	公平價值變動列入損益之金融資產-流動(附註四(一))	105,647	2	41,143	1
1120	應收票據	4,468	-	7,516	-
1140	應收帳款	548,939	9	233,067	5
1150	應收帳款－關係人(附註五)	-		14,228	-
1160	其他應收款(附註四(二))	107,405	2	60,833	1
1210	存貨(附註四(三))	1,743,617	29	1,750,789	36
1250-98	預付款項及其他流動資產(附註四(八))	84,866	1	51,928	1
1286	遞延所得稅資產－流動(附註四(八))	33,623	1	11,229	-
		2,850,423	48	2,431,325	50

資料來源：公開資訊觀測站

　　仔細看損益表，又發現98年度營業毛利由去年度的–5.96億元上升成6.35億元（圖3-5-5）。若不曉得財務會計準則公報第十號與97年度的業外損失故事，但看這份損益表一定霧裡看花，心想，怎麼會有公司毛利率由–9%上升到14%，是不是有什麼重大利多？

圖3-5-5 第一銅98年度損益表

單位：千元

		98年度		97年度	
		金　額	%	金　額	%
4000	營業收入(附註五)：				
4110	銷貨收入	$ 4,389,979	96	6,876,054	98
4170	減：銷貨退回	42,949	1	86,813	1
4190	銷貨折讓	1,269	-	37	-
4100	銷貨收入淨額	4,345,761	95	6,789,204	97
4660	加工收入	241,375	5	222,699	3
		4,587,136	100	7,011,903	100
5000	營業成本(附註五及十)	3,952,350	86	7,608,272	109
5910	營業毛利(損)	634,786	14	(596,369)	(9)
6000	營業費用(附註五及十)	87,872	2	96,876	1
6900	營業淨利(損)	546,914	12	(693,245)	(10)

資料來源：公開資訊觀測站

📖 會計實務上的財務會計準則公報第十號

舊制：存貨損益放置在損益表的「營業外損益」表達。

第十號公報：為了接軌IFRSs，存貨損益修改為放置在損益表的「營業成本」表達。並於98年1月1日起首次適用。

IFRSs新制：存貨損益放置在綜合損益表的「營業成本」表達。

　　這時候我們去看損益表中的提示是附註五（圖3-5-6），或是檢查現金流量表，往下閱覽就可以看到，由於導入第十號公報的修訂之後，為了讓98年與97年二個年度一致，原來97年度業外存貨跌價損失6.7億元，已經移轉到營業成本加項，而到了98年度認列存貨回升利益6.3億元，成為營業成本的減項。所以毛利率由-9％上升到14％，主要就是由於存貨價值的變動。你又可以再推算一次，這家公司股本35億元，而存貨回升利益就貢獻了6.3億元，足足占了EPS有1.8元！等等，這家公司不是等於98年度本業根本沒有賺到什麼錢嗎？

　　因此，你就不會見到這家公司EPS上升，毛利率大幅上揚，還預期這家公司會有更進一步的表現。隨後銅價也沒有大幅上揚，也不再有這種一次性題材可以發揮，公司股價也就默默地結束原本的多頭漲勢。

圖3-5-6 第一銅98年度財務報告書附註五

單位：千元

列入 營業成本 項下之存貨相關損失（利益）明細如下：

	98年度	97年度
未分攤固定製造費用	$ 49,547	-
存貨跌價及呆滯損失（回升利益）	(681,439)	673,367
存貨盤盈淨額	(1,594)	(1,659)
	$ (633,486)	671,708

資料來源：公開資訊觀測站

威力強大的存貨鐵金剛

　　有關存貨的分析，一種是前述的相同存貨水準的價格變動，另一種是動態的存貨增減與市場價格連動結果的推估。

　　本章一開始提示，大多數電子產業的存貨出現損失後，幾乎可以視為不會有存貨回升利益的可能。但台灣電子產業複雜，且以國際大廠供應鏈為主，因此少部分企業的存貨價值與商品價格高度正相關。例如DRAM模組產業，就是個電子產業中存貨可以預期回升利益的標準教材。

　　威剛科技（3260）是台灣知名的記憶體模組廠商，其股本約24億元，景氣好的時候公司可以大賺一個股本，賠錢的時候也可以虧一個股本。金融海嘯之後，DRAM在2009年曾經復甦過一年，之後便一直欲振乏力，如果長期追蹤威剛的人，會注意到DRAM價格102年5月底時已經開始反彈，在觀察102年第1季季報中，第1季EPS是3.2元，超過101年全年EPS的3.04元，投資人應該感到疑惑，為什麼一家營收差不多的公司EPS會大幅上揚？圖3-5-7中，102年第1季營收與101年第1季營收皆達到70億元以上，但是毛利率卻由9%上升到18%，生意只多做不到10%，毛利卻足足增加了一倍，難道是生產良率大增，還是成本控管得當？

圖3-5-7 威剛102年度第1季合併綜合損益表

單位:千元

項目	附註	102 年 1 至 3 月 金　額	%	101 年 1 至 3 月 金　額	%
4000 營業收入	六(二十四)及七	$ 7,648,759	100	$ 7,074,495	100
5000 營業成本	六(二十八)(二十九)及七	(6,326,072)(	82)(	6,415,708)(	91)
5900 營業毛利		1,322,687	18	658,787	9

資料來源:公開資訊觀測站

　　這時候我們進一步去附註六查詢(如圖3-5-8)。原來第1季出現了0.58億元的存貨回升利益,0.58億元對於76.5億元的營收看起來是小巫見大巫,但讀者不要會錯意,威剛股本才24億元,這0.58億元的貢獻已經可以讓EPS一季上升0.24元,扮演小兵立功的角色。

圖3-5-8 威剛102年度第1季合併財務報表附註六

單位:千元

	102年第一季	101年第一季
已出售存貨成本	$ 6,318,490	$ 6,386,058
存貨(回升利益)跌價損失	(58,351)	13,494
其他	57,526	(4,117)
小計	6,317,665	6,395,435
其他營業成本	8,407	20,273
總計	$ 6,326,072	$ 6,415,708

資料來源:公開資訊觀測站

　　讀者可能誤以為故事到此結束，這家不過是靠存貨價值的調整在賺錢的公司，鐵定沒有搞頭。然而，所謂的「投資是門藝術」，指的就是這個情況。我們又觀察到資產負債表，威剛的存貨水準從39.6億元，大幅上揚到56.4億元，增加了四成（圖3-5-9）。這種DRAM模組的廠商，存貨有市場報價，而且相對於其他電子產品較容易出售，要加工生產成為成品也相當快速。

圖3-5-9 威剛102年度第1季合併資產負債表

單位：千元

	資　　產	附註	102 年 3 月 31 日 金額	%	101 年 12 月 31 日 金額	%
	流動資產					
1100	現金及約當現金	六（一）	$ 2,098,908	11	$ 1,741,573	11
1110	透過損益按公允價值衡量之金融資產－流動	六（二）	239,388	1	116,359	1
1125	備供出售金融資產－流動	六（三）	17,007	-	6,413	-
1150	應收票據淨額		11,421	-	4,786	-
1160	應收票據－關係人淨額	七	-	-	-	-
1170	應收帳款淨額	六（五）	2,160,540	11	1,896,614	12
1180	應收帳款－關係人淨額	六（五）及七	102,230	-	267,305	1
1200	其他應收款		639,364	3	483,524	3
1210	其他應收款－關係人	七	454	-	499	-
130X	存貨	六（六）	5,637,413	29	3,955,129	24
1410	預付款項	六（七）及七	505,789	3	615,825	4
1470	其他流動資產		683,703	3	643,376	4
11XX	流動資產合計		12,094,217	61	9,731,403	60

資料來源：公開資訊觀測站

　　而不論是產業研究員、基金操盤手，又或是外部投資人，再怎麼懂也不可能比經營團隊還要懂DRAM市場。經營團隊在DRAM出現價格初步回升時期，又大舉提高庫存水準，我們可以查覺到，公司對於DRAM市場存在某種企圖心。

　　正如先前分析所述，這種存貨價值與商品價格高度相關的公司一旦景氣回升，不但本業營運回穩，同時會有存貨回升利益加持，這時候公司又大舉提高存貨，也就等同於在市場低迷時，布局了大量低成本的庫存，如果DRAM價格逐季上升，你想公司會有什麼樣的表現呢？一定是營收與存貨回升利益兩者互相輝映，把EPS推到最高點！

　　如果我們理性分析，會剔除並且忽略那些一次性的利益，然而金融市場經常是不理性的，不管獲利來源是什麼、品質如何，只要EPS表現亮眼，股票市場就能夠有讓人遐想與炒作的題材。

　　所以，在看到第1季季報時，我們看到公司發生存貨回升利益，而且還重壓存貨、看好未來，這時候我們就已經可以提前預測，只要DRAM價格逐步攀高，威剛就能夠讓存貨利益大幅貢獻給EPS，這種公司的特色是，如果營收又上揚，本業的營運在存貨利益的光環之下，就會變成市場當紅炸子雞。

　　第2季時DRAM平均價格盤整兩個半月，但價格幾乎都在第一季之上，存貨利益應該不大。直到第2季季報公布，雖然單季營收上漲3成，毛利率維持在19%，EPS上升至5.35元。但同樣地，我們去查第2季的財務報告書附註（圖3-5-10），換算單季存貨跌價損失了0.92億元認列在營業成本當中，影響EPS約−0.38元。股價在6到8月之間盤整了3個月，我們再仔細看

第2季存貨金額（圖3-5-11）為64.6億元，較第1季小幅增加 14%，這時候我們可以繼續觀察第3季的表現（圖3-5-12）。

圖3-5-10 威剛102年度第2季合併財務報告書附註六

單位：千元

2.當期認列之存貨相關費損：

	102年前二季	101年前二季
已出售存貨成本	$ 13,602,911	$ 12,758,494
存貨跌價損失（回升利益）	33,490	(34,126)
其他	60,529	(7,664)
小計	13,696,930	12,716,704
其他營業成本	17,119	43,833
總計	$ 13,714,049	$ 12,760,537

資料來源：公開資訊觀測站

圖3-5-11 威剛102年度第2季合併資產負債表

單位：千元

	資　　　產	附註	102 年 6 月 30 日 金　額	%	101 年 12 月 31 日 金　額	%
	流動資產					
1100	現金及約當現金	六(一)	$ 1,857,465	8	$ 1,741,573	11
1110	透過損益按公允價值衡量之金融資產－流動	六(二)	255,181	1	116,359	1
1125	備供出售金融資產－流動	六(三)	44,721	-	6,413	-
1150	應收票據淨額		11,633	-	4,786	-
1160	應收票據－關係人淨額	七	-	-	-	-
1170	應收帳款淨額	六(五)	2,344,016	11	1,896,614	12
1180	應收帳款－關係人淨額	六(五)及七	294,998	2	267,305	1
1200	其他應收款		910,920	4	483,524	3
1210	其他應收款－關係人	七	419	-	499	-
1220	當期所得稅資產	六(三十)				
130X	存貨	六(六)	6,459,935	29	3,955,129	24

資料來源：公開資訊觀測站

圖 3-5-12　**DRAMeXchange Index**

資料來源：http://www.dramexchange.com

　　第3季初DRAM平均價格不但先下跌兩個月，水準也沒有
比第2季還高，但9月4日海力士一把大火，導致供需吃緊，把
DRAM平均價格指數大幅往上往拉抬到6132點。第3季季報公
布時，威剛單季營收雖然較第2季下滑，毛利率也下滑至6%，
單季EPS僅0.44元，但存貨損失僅0.22億元，影響EPS-0.09

元，資產負債表裡的存貨也減少了16億元（見表3-5-1）。

表 3-5-1 **威剛102年前3季庫存損益變化**

影響	第1季	第2季	第3季
存貨增減（千元）	1,682,284	822,522	−1,623,697
單季存貨損益（千元）	58,351	−91,841	−22,648
對EPS影響（元）	0.24	−0.38	−0.09

資料來源：公開資訊觀測站

　　結至2013年10月初，威剛已經由102年年初的30幾元，上漲到90幾元，就是在本業業績與DRAM市場報價，加上存貨損益預期的互相影響之下股價一路過關斬將，直到公布第3季EPS不到1元，股價才大幅回檔。第4季尚未結束，目前DRAM價格仍在相對高檔，這時候投資人就要聯想到，如果DRAM價格出現連續兩個月以上上漲，威剛到時候又可能有較高額的存貨回升利益。

　　對於這樣的股票，你可以看不懂，你可以不去玩，但不要只是看它30幾元漲了兩、三倍，就手癢想要去放空，或是在90幾元高檔的時候不顧第3季一開始的市場下滑，又進場追價。別忘記了要去看看DRAM報價是否相對前一季仍在高檔，公司業績是否逐步增強，若又有存貨利益回升的加持，這時候若想去放空

他，不是技巧太高明了，就是太傻太天真。

　　儘管存貨價格變動騙不過明眼人，但是金融市場不免還是會配合媒體，一起演出這種存貨調整的利多與戲碼。理想的投資狀況是，這家公司出現大幅存貨跌價損失，而本業沒有惡化太多的時候，我們沒有在車上，所以股價下跌的時候，我們並不會受傷，但是爾後搭配企業營運回升的時機，存貨回升利益就會是個不錯的題材。投資人要掌握的原則，是先行評估對於 EPS 影響數，並且確認企業營收有上升趨勢，並且掌握到商品價格報價的上升，就可以先行期待有此額外加分的效應，可以用短線投機的心態，在利多消息實現的時候賣出。而 IFRSs 新制上路之後，企業的毛利率變動加大，投資人務必剔除存貨層價值變動的影響，才可以進一步看出企業經營的全貌。

　　有關存貨項目的變動，投資人不一定要隨市場起舞，但也必須要認識的是市場會玩什麼會計規則的遊戲，起碼夠保護自己，不至於被媒體消息沖昏了頭。

3-6

海市蜃樓：資產重估

　　根據主計處統計，從2001年開始至2012年，每年消費者物價指數（CPI）相較上一年度同期，漲跌幅在–0.28%到3.52%之間波動；在同一時間，台灣平均月薪則在新台幣41,960元到45,888元間，似乎民生物資與薪資的漲跌幅相去不遠，事實上，最讓市井小民深感購買力下降的項目，莫過於不動產的價格。

　　我們只要聽到「漲價」，就會不由得情緒激動起來，然而，物價通貨膨脹並不是「均衡」的，若以2001年為基期，房仲業者針對特定地區進行分析，到了2012年底，台北市房價上漲253.48%，新北市地區則上漲242.93%，和民生物資的漲跌幅相去甚遠──這也代表我們應該思考，一間企業擁有的固定資產，究竟有多少價值？固定資產價值對於與企業有借貸、抵押關係的銀行以及股東而言，是相當重要的資訊，全台灣近900萬股民的荷包，也有連動的關係。

資產的耗損與跌價，侵蝕EPS的折舊與減損損失

　　營業用資產的定義非常廣泛（如表3-6-1），看到這張表，大家可別以為開始要學會計了，只是因為企業平時提列折舊、折耗、攤銷的多寡（如第2章的穩懋）都會影響到EPS；另外，企業一次性「突襲」地提列減損損失，威力更是驚人，如福聚能（4975）101年本業已經虧損，再提列固定資產減損8.18億，更是雪上加霜，純損高達42.70億元，EPS為–6.54元；而宏碁（2353）101年即使本業賺錢，認列無形資產（Gateway、Packard

表3-6-1 營業用資產的定義

分類			隨使用耗損提列[註2]	一次性提列
有形營業用資產	不動產、廠房及設備	土地[註1]、房屋、機器設備、運輸設備、辦公設備	折舊	減損損失
	投資性不動產	土地[註1]、房屋、廠房	折舊	減損損失
	遞耗資產	油氣資產	折耗	減損損失
無形營業用資產	無形資產	專利權、商標權、著作權、特許權等	攤銷	減損損失
	商譽		不提列攤銷	減損損失

（註1）「土地」在物以稀為貴、有土斯有財的觀念下，在會計上亦是不提列折舊。
（註2）折舊、折耗、攤銷會計用語不同，但是對投資人的影響相同。

Bell、eMachines 及倚天商標權）減損 34.96 億後，由盈轉虧，淨損 29.10 億元，EPS 為 -1.07 元。因為折舊（折耗、攤銷與折舊名詞不同，但意義相同）與減資這些議題影響 EPS 甚鉅，所以投資人不可不知。本節將先說明要提列折舊、折耗與攤銷的營業用資產。至於不提列攤銷的商譽，則留待第 7 節中介紹。

每次課堂上，大家只要聽到「資本支出」、「折舊」、「累積折舊」、「帳面價值」、「減損」等關於營業用資產的會計專有名詞，往往丈二金剛摸不著頭緒，但是投資人花些時間搞懂這些意義，可是十分值得的，因為這些觀念最終會影響市場最在意的 EPS、自由現金流量。

在討論資產重估議題前，要先了解企業如何產生營業用資產，也就是要先了解一筆資本支出如何在財務報表上表達開始。為了方便大家了解，以一個極度簡化的例子，企業為了擴充廠能，投入資本支出 2 億元，耐用年數 2 年，所以每年折舊為 1 億元（如表 3-6-2）。

投資人可以看出，現金流量表中 CFI 流出現金 2 億元才是企業的經濟實質，這筆現金支出未來要能為企業帶來營業收入、獲利、CFO，企業才會有利可圖。「折舊」只是會計上為了顯示機器設備隨著使用耗損，而變為成本或費用（工廠發生的折舊為成本，辦公室發生的折舊為費用，已於第 2 章中說明過），所以在

表3-6-2 一筆資本支出在合併財務報表上的表達

合併財務報表	第1年底		第2年底	
綜合損益表	折舊	1億	折舊	1億
	淨利	（1億）	淨利	（1億）
現金流量表	淨利	（1億）	淨利	（1億）
	加：折舊	1億	加：折舊	1億
	CFO	0億	CFO	0億
	CFI	（2億）		
資產負債表	成本	2億	成本	2億
	減：累積折舊	（1億）	減：累積折舊	（2億）
	帳面價值	1億	帳面價值	0億
資產負債表 **提列減損損失**	成本	2億	成本	2億
	減：累積折舊	（1億）	減：累積折舊	（1億）
	減：累積減損	（1億）	減：累積減損	（1億）
	帳面價值	0億	帳面價值	0億

重要觀念

$$折舊 = \frac{成本 - 殘值}{耐用年數}$$

綜合損益表中每年都要顯示這筆成本或費用，降低EPS；資產負債表也因使用耗損，「累積折舊」逐年增加（折舊的累加數），「帳面價值」則由剛購買時的2億元，減為1億元最後變為0元，逐年減少。

在第一年底，如果這筆帳面價值為1億元的固定資產，經判斷已永久無法再替企業帶來任何效益，那麼就要提前提列「一次性」的減損損失1億元，嚴重降低EPS，而在資產負債表上，固定資產也要被迫提前出局，雖然會計上不會將相關的科目連根拔起，但帳面價值就直接變為0元了。

千頭萬緒的資產重估

採用IFRSs後，多加了一個新朋友「投資性不動產」，先將資產重估新舊差異表列如表3-6-3，再來好好說明對投資人的影響。

看了資產重估的「前世今生」，大家可先別嚇壞，因為目前只有101年1月1日採用IFRSs第一天的開帳日（轉換日），可以允許企業在轉換日時將一般性不動產、投資性不動產「一次採用」重估價、公允價值，做為不動產新的成本（認定成本）。

除此之外，金管會目前為了保障投資人，避免因公允價值衡量之專業判斷，或公允價值波動太大，影響企業財務報表之表達，造成投資人的誤解，所以，101年1月1日開完帳已經增值過的金額，就變成企業財務報表上新的「成本」，未來還是只能採用「成本模式」，不能再隨意調整金額，將來等到市場更成熟，才會再考量是否開放重估價模式與公允價值模式。

表 3-6-3 **資產重估在新舊制下的差異**

制度	ROC舊制	IFRSs新制	
會計項目	固定資產	一般性不動產	投資性不動產
成本模式	成本模式 成本 減：累積折舊 減：累積減損 帳面價值	成本模式 成本 減：累積折舊 減：累積減損 帳面價值	成本模式 成本 減：累積折舊 減：累積減損 帳面價值
資產重估	按公告現值／物價指數調整 土地重估按公告現值調整； 土地以外的固定資產依法向稅務稽徵機關申請辦理重估。	重估價模式 成本 減：累積折舊 減：累積減損 帳面價值	公允價值模式 • 以公允價值衡量，公允價值之變動於NI中認列 • 認列租金收入 • 不提列折舊

　　先來說明一般性不動產在新舊制下101年1月1日的轉換，以遠東集團下的宏遠（1460）為例（圖3-6-1），土地原始成本為1.67億元（占101年1月1日總資產比例為2%），於100年及97年辦理二次土地重估後（圖3-6-2），公告現值為6.43億元，故認列重估增值—土地4.76億元（占總資產比例為5%），同時亦認列了未來的土增稅負債1.70億元，差額認列為股東權益其他項目—未實現重估增值3.06億元。

　　而在101年1月1日轉換為IFRSs新制後，土地就以公告現值6.43億元，直接做為土地新的認定成本來開帳，同時將負債項目

圖3-6-1 宏遠的土地重估（舊制vs新制）

單位：千元

101年1月1日（開帳日）
合併資產負債表
ROC舊制

101年1月1日（開帳日）
合併資產負債表
IFRSs新制

重估增值－土地
475,838

土地增值稅準備
169,777

遞延所得稅負債－非流動
169,777

土地
167,259

土地
167,259

未實現重估增值
306,061

土地
643,097

保留盈餘
306,061

成本：167,259   公告現值：643,097   認定成本：643,097

資料來源：公開資訊觀測站，101年度、102年Q1合併財務報表

圖3-6-2 宏遠辦理土地重估情形

單位：千元

本公司分別於一○○及九十七年度辦理土地重估情形如下：

年 度 月 份	重 估 增 值 總 額	土地增值稅準備	未實現重估增值
九十七年九月	$ 437,748	$ 165,409	$ 272,339
一○○年十二月	38,090	4,368	33,722
	$ 475,838	$ 169,777	$ 306,061

資料來源：公開資訊觀測站，101年度合併財務報表

重分類為遞延所得稅負債—非流動1.70億元,股東權益項目則重分類為「保留盈餘」3.06億元。

資產重估的好處是同時增加資產、股東權益,可以提升每股淨值,但是除非出售,對於未來獲利卻無實質助益,分子不變(淨利)、分母增加(資產、股東權益),反而還會降低市場與投資人最在意的ROA與ROE。

宏遠(1460)在101年1月1日舊制下原本有待彌補虧損12.06億元,因為此項重分類3.06億元,併同其他IFRSs轉換的保留盈餘調整合計數共5.09億元,使得101年1月1日開帳後待彌補虧損有所好轉,縮小至6.97億元(圖3-6-3)。投資人在比較3-5年的股東權益項目時,看到這種情況,可別以為公司是因為大獲

圖3-6-3 宏遠101年1月1日因IFRSs轉換減少待補虧損實例

單位:千元

資料來源:公開資訊觀測站,102年Q1合併財務報表

利而彌補了虧損，要好好判斷是否因為來自於 IFRSs 的轉換。

　　另一種假設的情況是，如果宏遠經過此次轉換，原本待彌補虧損 12.06 億元，轉換後變為「正數」的保留盈餘 6.97 億元，股東們也別看到這保留盈餘，就期待公司會發放現金股利來回饋大家。如同在台灣過去房價只漲不跌的 10 年中，大家都暗自開心自己的房子價格在上漲，但是套一句大家常帶著微笑回應的話，「只有一間，賣掉了要住哪？」在一樣的邏輯下，未實現重估增值只是「看的到，卻吃不到」，因此未實現重估增值 3.06 億元將先轉列保留盈餘，再轉列至「特別盈餘公積」，一樣是無法任意發放現金股利。（圖 3-6-3 中的累積換算差異數 2.81 億元，一樣要提列至「特別盈餘公積」。）

　　另外，投資人必須注意的是，無論在舊制或是 IFRSs 新制，台灣的土地價值是按政府公告現值進行重估的，但台灣土地市值與公告現值卻是脫鉤的，資產重估是否真能反映出公允價值？重估後，廠商是否能夠創造出能夠變成現金流量的營收？還是只是一場海市蜃樓的遊戲？

有看頭的投資性不動產

　　新制實行後，大家要多花時間認識一位財報新朋友——投資

性不動產；要列在這個項目，可沒這麼容易，要符合「為賺取租金或資本增值或兩者兼具之目的而持有的不動產」的條件才能列入。所以投資人一見到企業有此投資性不動產，可以立即聯想到企業已經當起包租公來，或是未來即將出售此項資產，不管是符合哪一項條件，對於企業的獲利都會有不錯的助益。

對獲利這麼有幫助的投資性不動產，要如何從無到有，轉換至101年1月1日開帳日的IFRSs報表上呢？對於本來就符合條件的不動產，一種是按照舊制資產重估後的金額（重估價）來認列（如同前述宏遠（1460）的方法）；另一種則特別開放以「公允價值」來認列，這裏的公允價值可不是找個鑑價師來鑑價就可以決定，而是要符合「持續出租狀態，能產生中長期穩定的現金流量」的狀態，並將這些穩定的現金流量按加權平均資金成本（WACC）折現來計算。

以國泰金（2882）下的國泰人壽為例（圖3-6-4），將租金按WACC折現計算後，101年1月1日投資性不動產淨增值數為679億元，先填補因首次採用IFRSs退休金、員工福利金等項目所造成之不利影響125億元後，淨額554億元認列為不動產增值特別準備（負債項目）。

此外，按主管機關規定，自102年1月1日起，這554億元的負債，有20%的111億元要保留於負債項目中，另外80%的

圖3-6-4 國泰金下的國泰人壽投資性不動產增值影響

資料來源：公開資訊觀測站
102年Q1國泰人壽合併財務報表；國泰金法說會資料

443億元，可以分5年，每年100億元通過本期純益（NI），再提列於特別盈餘公積（股東權益項目）。國泰人壽102年Q1收回24.90億元，對於EPS的貢獻不小，當然，這部分的特別盈餘公積是限制盈餘分配。

開放「重估價模式」、「公允價值模式」後的影響

如前所述，101年1月1日的開帳金額可以用重估價（如宏遠）或公允價值（如國泰人壽），101年1月1日開完帳已經增值

過的金額，就變成企業財務報表上新的「成本」，後續還是只能
採用「成本模式」，不能再隨意調整金額。一直到103年1月1
日，金管會才開放了「投資性不動產」後續衡量可採用「公允價
值模式」。

　　按照IFRSs新制規定（如圖3-6-5），一般性不動產的「重估
價模式」與投資性不動產的「公允價值模式」，對企業財報影響
最大的是「公允價值模式」，因為公允價值模式的任何價值增減
變動要認列在綜合損益表的本期淨利（NI），都會影響EPS，而
非「重估價模式」的其他綜合損益（OCI）。在這樣的規定下，
投資性不動產的增值會直接認列於淨利當中，進而美化EPS。

圖3-6-5 **重估價模式與公允價值模式**

絕世武功的起手式

當金管會宣布開放「投資性不動產」後續衡量可採用「公允價值模式」時，由於該增值利益屬於「未實現利益」，金管會為了避免上市櫃公司立即分配投資性不動產的增值利益，因此規定其增值利益認列在保留盈餘，再同步提存至「特別盈餘公積」，無法任意發放現金股利。

有關公允價值的估價方法，除未開發的土地採「土地開發分析法」外，其餘投資性不動產的公允價值應採「收益法」衡量。有關估價的參數部分，現金流量的估算須考量當地租金行情且以不逾10年為原則，折現率不得低於二年期郵政定期儲金小額存款機動利率加3碼（目前為2.125%）來估算*。僅保險業不受限制，可採用「市場法」及「收益法」擇一。

也就是說，當103年1月1日起，公司開始採行「公允價值模式」時，投資性不動產增值利益，只能「先」認列在股東權益的保留盈餘當中，增加了總資產、股東權益，提升了總淨值，也改善了負債比率。雖然增加了股東權益，卻不影響EPS，反而降

---

* 折現率是一種金融資產的估價方式，折現率越低，表示金融資產的價格越高，而金融資產的年期越長，對折現率變動越敏感，越長年期的金融產品折現率只要稍微下降，其價格增加幅度越大。此外，折現率也會受到利率環境影響，金融市場利息逐步上升，折現率通常也會跟著上升，使得金融產品的估價產生下跌。

低了ROE與ROA的表現。

　　你光看了這些規定，可能還是哈欠連連，以為枯燥無味，但魔鬼還是藏在細節當中，金管會還規定上市櫃公司採用公允價值模式後，每年必須檢討評估公允價值之有效性。這時候再產生的增值利益，就會直接表達在EPS當中了。

　　用一個簡單的例子來說明（圖3-6-6）。有一家TLDC土地開發公司於102年12月31日，投資性不動產帳上金額為60億元。在103年1月1日起，後續衡量改採用「公允價值模式」，依規定要重編102年報，102年12月31日投資性不動產公允價值為90億元，因此該公司於102年12月31日認列30億元的保留盈餘，

圖3-6-6 TLDC採用公允價值模式後對財報影響

大幅增加公司資產與淨值，對EPS沒有影響。不過該筆投資性不動產於103年第4季時，再重新估價為140億元，因此增加了50億元調整利益，TLDC當季綜合損益表EPS暴增，股價大漲。

價格大漲的台開

台開（2841）是一家與總統家族的駙馬爺有過一段交集的公司，許多資深小股民對這家公司也是敬而遠之。但是104年3月初，台開公布103年年報，本業營業利益約9.57億元，在IFRSs規定下，採公允價值模式評價，這部分約有45.48億元的利益調整，全年淨賺了53.12億元，EPS 8.13元，此後股價一路向北，由11元直奔17.95元。台開開了台灣投資性不動產公允價值調整影響EPS的第一槍。

我們可以看看台開103年的綜合損益表（圖3-6-7），損益表出現了「其他利益及損失」將近44.99億元的其他利益。我們再依照標示去細查同一份報表中的附註25（圖3-6-8），原來裡面出現了「投資性不動產公允價值調整利益」45.48億元。

為什麼一家土地開發公司可以一夕之間爆衝45.48億元的利益調整呢？這其實有很多眉眉角角。首先，由於金管會的規定與限制，當企業第一次採行公允價值模式時，可以透過許多方法讓

圖 3-6-7 台開103年度合併綜合損益表

台灣土地開發股份有限公司及子公司
合併綜合損益表
民國103年及102年1月1日至12月31日

單位：新台幣仟元
（除每股盈餘為新台幣元外）

項目	附註	103 年 度 金額	%	調整後 102 年 度 金額	%
4000 營業收入	六(四)(二十三)	$ 1,791,486	100	$ 2,536,417	100
5000 營業成本	六(五)(二十七)	(61,061)(	3)(	1,078,250)(	43)
5950 營業毛利淨額		1,730,425	97	1,458,167	57
營業費用	六(二十七)(二十八)				
6100 推銷費用		(311,182)(	17)(	281,261)(	11)
6200 管理費用		(462,134)(	26)(	288,350)(	11)
6000 營業費用合計		(773,316)(	43)(	569,611)(	22)
6900 營業利益		957,109	54	888,556	35
營業外收入及支出					
7010 其他收入	六(二十四)	23,537	1	15,718	1
7020 其他利益及損失	六(二十五)	4,498,881	251	1,666,235	66
7050 財務成本	六(二十六)	(15,692)(	1)(	18,394)(	1)
7060 採用權益法認列之關聯企業及合資損益之份額	六(六)	(3,279)	-		
7000 營業外收入及支出合計		4,503,447	251	1,663,559	66
7900 稅前淨利		5,460,556	305	2,552,115	101
7950 所得稅費用	六(二十九)	(148,541)(	8)(	51,153)(	2)
8200 本期淨利		$ 5,312,015	297	$ 2,500,962	99
其他綜合損益（淨額）					
8310 國外營運機構財務報表換算之兌換差額		$ 1,753	-	$ 3,172	-
8500 本期綜合利益總額		$ 5,313,768	297	$ 2,504,134	99
淨利（損）歸屬於：					
8610 母公司業主		$ 5,312,165	297	$ 2,500,962	99
8620 非控制權益		(150)	-	-	-
		$ 5,312,015	297	$ 2,500,962	99
綜合損益總額歸屬於：					
8710 母公司業主		$ 5,313,918	297	$ 2,504,134	99
8720 非控制權益		(150)	-	-	-
		$ 5,313,768	297	$ 2,504,134	99
每股盈餘	六(三十)				
9750 基本		$ 8.13		$ 3.87	
9850 稀釋		$ 8.12		$ 3.86	

圖3-6-8 台開103年度合併財務報表附註

(二十五)其他利益及損失

	103年度	102年度
不動產、廠房及設備減損 (迴轉利益)損失	$　　　16,385	($　　　18,872)
投資性不動產公允價值調整利益	4,547,595	1,706,257
處分不動產、廠房及設備損失	(　　　　11)	－
處分投資性不動產損失	(　　　455)	－
手續費	(　　40,450)	(　　　8,264)
兌換利益(損失)	1	(　　　　522)
什項支出	(　　24,184)	(　　12,364)
	$　　4,498,881	$　　1,666,235

估價師採用較為保守的估計，或是採用較高的折現率，使得一開始價值增加幅度較小。金管會又要求達委外估價門檻*（2）與

---

* 一般產業投資性不動產委外估價規定

1. 委外估價門檻：

	持有投資性不動產單筆金額	評價方法
（1）	未達實收資本額20%及3億元者	得採自行估價或委外估價
（2）	達實收資本額20%或3億元以上	應取得估價師出具之估價報告或自行估價並請會計師出具複核意見
（3）	達總資產10%以上者	應取具2家以上估價師出具之估價報告或取具聯合估價師事務所2位估價師出具之估價報告或取具1位估價師出具之估價報告，並請會計師就合理性出具複核意見

2. 委外估價之估價師以及複核會計師應符合一定資格條件。

（3）的標準者，至少每年應取具估價師之估價報告及會計師合理性複核意見，只要再找合格估價師採用較接近現況的參數來調整價值，這時候就可以獲得大幅的利益調整。

看到EPS暴衝，股價連漲十幾根漲停板，投資人一定異常興奮。不過，要注意的事情是「在江湖混，總有一天要還」，這樣子的利益調整，如果遇到房地產不景氣，將來可是會在EPS上一點一滴變成其他損失地討回來。此外，由於採用折現法的特性，將來如果利息反轉上升，會導致公允價值下滑，這也是投資人不得不防範的地方。採用公允價值模式的企業反而增加了損益的波動性，不利於公司的穩定經營。

這時候讀者就會好奇了，到底還有哪些公司像台開一樣，投資性不動產後續衡量已經改採用IFRSs的公允價值模式呢？這裡提供一個研究方法。由於金管會規定103年1月1日起，後續衡量採公允價值模式，必須重編102年的財務報表，依照這個特性，我們就可以設定101年公布的投資性不動產，如果到了102年第1季的季報出現很大的金額變動，雖然投資性不動產的增加很可能是企業買入新的土地資產，但如果變動幅度很大，我們可以猜測這家公司很可能採用了公允價值模式（表3-6-4）。因此，我先將變動程度超過120%的公司整理出來。

表3-6-4 後續衡量可能已採用公允價值模式之上市櫃公司

單位：千元

股票代號	股票名稱	變動比率 (1)=(3)/(2)	101年12月31日 投資性不動產(2)	102年3月31日 投資性不動產(3)	已採用公允價值模式
2420	新巨	34255%	7,773	2,662,659	－
6172	互億	18554%	1,994	369,960	○
2722	夏都	1247%	29,396	366,585	－
5287	數字	541%	18,773	101,488	－
1102	亞泥	428%	6,928,380	29,672,144	○
6264	富裔	404%	23,519	95,008	－
2362	藍天	388%	17,034,343	66,043,187	○
1402	遠東新	299%	36,155,930	108,077,272	○
2466	冠西電	292%	154,585	450,814	○
2923	F-鼎固	277%	21,474,180	59,516,702	○
2017	官田鋼	253%	222,191	562,250	－
4904	遠傳	250%	459,483	1,148,584	○
2354	鴻準	222%	57,917	128,610	－
2376	技嘉	218%	46,915	102,338	－
5525	順天	211%	956,730	2,020,756	－
2535	達欣工	206%	24,045	49,452	－
2317	鴻海	196%	1,231,003	2,408,824	－
2614	東森	164%	4,184,620	6,867,000	○
2882	國泰金	147%	171,103,918	252,233,322	○
2903	遠百	146%	2,089,416	3,043,814	○

（續下頁）

表3-6-4 後續衡量可能已採用公允價值模式之上市櫃公司 （續上頁）

單位：千元

股票代號	股票名稱	變動比率 (1)=(3)/(2)	101年12月31日 投資性不動產 (2)	102年3月31日 投資性不動產 (3)	已採用公允價值模式
5533	皇鼎	143%	520,213	743,489	－
1456	怡華	142%	1,282,181	1,821,233	○
8097	常珵	140%	229,725	321,048	○
2377	微星	135%	146,836	198,524	－
3252	海灣	133%	1,520,617	2,023,477	○
2305	全友	133%	136,047	181,017	○
2841	台開	133%	548,693	729,325	○
3128	昇銳	132%	13,869	18,307	－
4930	燦星網	129%	164,951	213,328	－
6605	帝寶	126%	81,254	102,691	－

　　上面的步驟幫我們縮小範圍後，要再作進一步的確認，也是一件十分容易的事。因為投資性不動產後續衡量改採用公允價值模式，會計師會在查核報告中以一段「說明段」，提醒投資人注意這樣的會計政策變動。所以，再去翻閱103年會計師查核報告，答案就出來了。最後，將確認完是否已採用公允價值模式的結果，整理於表3-6-4最後一欄，讓讀者們可以作後續的追蹤與研究。

　　投資性不動產後續衡量採公允模式後，雖然讓台灣上市櫃公司財報與國際接軌，但同時也增加了企業財報分析的難度。多數會計從業人員或是證券分析人員，並非專業的不動產估價師，在分析上已經有跨專業領域的障礙；加上公允價值的評價，可以隨著公司政策在時間上與價格呈現上，讓企業有較大的操作的彈性與空間，要分析採用公允價值模式的公司就變得是難上加難。但如果你是技高人膽大的箇中好手，依舊可以依照上方提供的表格，去尋找那些潛在的公允價值模式受益股。

　　採用公允價值模式之後，企業就無法再改回原本的成本法，因為隨著資產價值跟著市場浮動，也不再提列折舊。但是隨著總體經濟環境與房地產市場的景氣波動，同時增加了這些公司在未來損益上的不穩定性。雖然淨利暴衝的結果讓人感到雀躍，但你得想想自己是否能夠事先就在車上，如果已經在車上，你也要擔心未來是否會有令人驚訝的調整損失？

　　回到本書初衷，初學的投資人如果對於這些分析手法無法掌握，最好還是直接避開那些公司，才是明哲保身的第一步。而已經進階財務分析熟練的投資人，或是已經能將本書倒背如流的讀者，可以好好分析我篩選出來的公司名單，相信你也能察覺那些別有洞天的財務報表。

3-7

商譽是用錢砸出來的

「商譽有什麼好看的？我只是想找個好時點，買張好股票，不是要考會計師，不用懂這個吧？」從本章一路看下來的讀者，翻到此處，必然有這個困惑，可能還想快手一翻，直接跳過這段文字。但我必須告訴你，商譽對投資人選股的效用是「有看到，就賺到」。因為在台灣，部分產業／上市櫃企業的發展陷入瓶頸，未來極有可能透過積極整併，進行體質調整或增加國際競爭力；再加上政府正規畫私募基金相關修法，放寬規定以引進國際資金，加速國內產業升級，也會帶動台灣的併購風潮等產業調整或制度變革，都將使商譽成為併購案進行的當下，左右台股投資人獲利與否的關鍵。

「商譽」和你想的不一樣

在以台股的併購實例解說之前，要請大家丟掉腦中對商譽的

想像和認知，因為90%以上的民眾及投資人，都會誤把管理學上的商譽，直接視為等同於財務報表中的商譽，其實兩者名詞雖然相同，但意義與內涵卻有出入。

　　管理學定義的商譽範圍很廣，它不只包括可量化的數字，還泛指消費者對一間企業長年經營累積出來的好感程度與口碑；而財務報表中的商譽有其專業的會計定義，是代表在某一樁（或累積）企業併購案中，存續企業願意支付給被併購公司的交易價格，而非指企業具有長期的投資價值。因此，上市櫃企業資產負債表上的商譽愈多，並不表示該公司就是「備受信賴、值得投資」的個股，因為這些商譽幾乎都是用錢砸出來的。這點，投資人千萬要弄清楚才行。

　　再者，在上市櫃企業的併購案中，認列的商譽多寡，也處處藏有蹊蹺。有些是著眼於長期的企業併購綜效，像是市占率的提升或關鍵技術及零組件的戰線完備，所以支付較高的併購價格；但也不乏私相授受的情形，例如買賣雙方是集團企業，為解決其中一方財務數字的問題或中飽公司派股東私囊，刻意調高併購價格，使商譽大增等。102年年初遭到檢調單位偵察的台苯（1310），以每股27.7元高價收購每股淨值僅9.8元的天籟溫泉會館股權，便是一例。

　　當一間公司100%併購另一間公司時，事實上是買對方總資

產減去總負債的淨值,也就等同購買被併購企業的股東權益。較常見的帳面戲法是在併購時,被併購企業先藉由鑑價來提高身價,再來哄抬商譽的價值。畢竟一間公司有多少現金無法哄抬,但廠房設備、固定資產價值多少,在不同的評價方法下就有「調整」的空間。

如圖3-7-1,情況1是A公司遇到老實的企業,未在鑑價上動手腳,所以併購價格等同於帳面價值。只是,這種極度理想化的情況並不多見,反倒是較「符合人性」操作的情況2、情況3最常出現。若B公司的固定資產大幅增值或商譽確有實際績效,那麼A公司併購B公司,只是差在買貴一點而已;要是一切都靠吹噓或作假,那麼A公司就「虧大了」。

併購效應需多方確認

在企業併購案「真虧vs.假虧」與「真賺vs.假賺」短時間難以分辨之下,投資人若想參與併購契機時,該怎麼進行投資評估呢?

首先,必須從產業面分析併購案帶來的最大效益為何?如果只是資產規模增加,就不能算具有最佳併購效益;要是併購後所取得的產能或技術,能有效提升企業的產業競爭力,進一步

圖3-7-1 上市櫃企業併購案例說明

情況1：併購價格＝帳面價值

當A公司併購B公司時，鑑價後的併購價格為50。

B公司
資產負債表

總資產100	負債 50
（有形資產＋無形資產）	股東權益50

情況2：併購價格＞帳面價值

當A公司併購B公司時，B公司表示固定資產（如土地）價格遠高於帳面價值，故提出鑑價後的併購價格為60。

B公司
資產負債表

總資產110	負債 50（不變）
（有形資產↑10＋無形資產）	股東權益60（50＋10）

情況3：併購價格＞帳面價值

當A公司併購B公司時，B公司表示除了固定資產（如土地）價格遠高於帳面價值外，且因該公司經營績效良好而擁有商譽，故提出鑑價後的併購價格為80。

B公司
資產負債表

總資產130	負債 50（不變）
（有形資產↑10＋無形資產↑20）	股東權益80（50＋10＋20）

帶來營收和獲利者，就是「很有梗」的併購案。例如透過併購YouTube，一舉躍升為搜尋引擎及線上影音雙霸主的Google，以及受到台股市場高度關注的「雙M」（聯發科vs.晨星）聯姻，就是以技術為底的購併案，但最終是否能夠真的開花結果，投資人仍要從後續的經營績效中密切觀察。

　　接著，再從財報面來確認企業併購的方式是採取現金併購或換股併購。以圖3-7-2為例，當C公司併購D公司時，因為採現金併購或換股併購方式之不同，會對存續的C公司合併資產負債表產生不同的影響。

圖3-7-2 現金 vs. 換股併購的合併資產負債表變化

情況1：C公司以現金併購D公司（商譽由現金購得）

C公司
合併資產負債表

| 總資產（C公司＋D公司）
　現金↓　　商譽↑ | 總負債　（C公司＋D公司） |
| | 股東權益（C公司） |

情況2：C公司以換股併購D公司（商譽由發行股票換得）

C公司
合併資產負債表

| 總資產（C公司＋D公司）
　　商譽↑ | 總負債　（C公司＋D公司） |
| | 股東權益（C公司＋C公司換股新增股本）
　　　股本↑
　　資本公積－溢價發行↑ |

　　一般情況下，在合併後的效益不明之前，採取現金併購明顯較為不利，因為帳上現金會大幅流出（雖然股本不變），但也有例外的情況。像是全球第一大自行車鏈條廠桂盟（5306），為加快成為上市櫃企業的速度，先是入主上市公司（原訊康科技），接著在民國101年7月，購入桂盟企業100%股權，成功地以子公司翻轉成母公司的方式，完成借殼上市的程序（轉投資關係如圖3-7-3）。

　　這場交易以10億元的現金併購價格，取得桂盟企業淨資產（資產－負債）公允價值9.53億元，產生0.47億元的商譽（圖3-7-4）。但商譽金額（溢價取得部分）不算太大，卻可讓桂盟企業的營收、獲利就此併入桂盟的合併財務報表中，也省去申請上

圖3-7-3 桂盟轉投資關係圖

資料來源：101年股東會年報

圖3-7-4 桂盟合併桂盟企業商譽之計算

單位：千元

本公司股東會於一○一年六月二十一日決議購入桂盟企業公司100%股權，並已於一○一年七月六日完成交割，自一○一年七月起將其資產與負債納入合併報表，併購基準日所收取之淨現金及所取得資產與負債之公平價值列表如下：

流動資產	$　855,271
基金及投資	7,889
固定資產	489,674
其他資產	215,527
客戶關係	103,198
專利權	23,801
流動負債	（　566,615）
長期負債	（　175,849）
	952,896
商　譽	47,104
併購總價款	1,000,000
減：併購日取得之現金	266,505
取得子公司之淨現金流出	$　733,495

資料來源：公開資訊觀測站，101年合併財務報表

　　市櫃的諸多程序，直接獲取參與資本市場的效益，可算是相當聰明的現金併購案例。

　　至於換股併購，則是不用有任何現金支出，就能將被併購公司的商譽納入自己的資產項目中，尤其是這種情況下發行的新股，多半是溢價發行，頗有印股票換鈔票的意味。而換股併購的商譽計算，較現金併購來得複雜。以聯發科（2454）合併雷凌科技（3534）為例，在決定合併是採取雷凌科技普通股 3.156 股換

📖 **換股併購的商譽計算**

雷凌科技換發聯發科換股比例＝3.156：1
雷凌科技股數　　　　：175,264,005 股
聯發科換股新增股數：　55,533,588 股

合併基準日的聯發科股價 × 換股所需增加的股數＝併購價格
230.75 元 ×55,533,588 股＝12,814,375（千元）

併購價格－雷凌的淨資產公允價值＝商譽
12,814,375（千元）－6,266,138（千元）＝6,548,237（千元）

資料來源：公開資訊觀測站，聯發科100年合併財務報表

發聯發科普通股1股的換股比例進行後，取得雷凌科技100%淨資產公允價值62.66億元。由於聯發科僅發行新股5.55億元（以面額10元計），就因溢價而以市價128.14億元為併購價格，換算下來，併購雷凌取得的商譽為65.48億元。

聯發科併雷凌而增加的65.48億元商譽算多嗎？若單純看商譽數字是不小，但對手上持有聯發科股票的投資人而言，這場併購案補足聯發科在WiFi方面的弱勢，讓聯發科提高對抗國際大廠高通、博通的能力，且併購前股本110億元，股本增加5.55億元幅度也不大，沒有對EPS產生太大的影響，反倒讓人對營收及獲利的增加有所期待。期待歸期待，這種併購案後續合併營收、合併EPS能否增加，才是投資人該繼續追蹤的。

木乃伊般的商譽成負擔

雖然，上述的桂盟和聯發科併購實例有產生正面效果，但長期觀之，當商譽進駐到資產負債表後，就很容易成為尾大不掉的包袱。原因在於，上市櫃企業過去偏愛將商譽確認為永久資產，除非有確切證據顯示商譽的價值下跌，否則不需要攤銷；而在IFRSs新制下，商譽亦不需要攤銷。但問題是，在景氣波動、產業競爭劇烈的今日，新產品、新服務的推出時程以季為單位，

併購決策對企業是有獲利或虧損，往往很快見真章，但併購所得的商譽卻「價值不變」地成為永久資產，造成資產被永久「墊高」。

這或許正是Google砸大錢買YouTube商譽的用意之一，因為相較於企業的研發成本必須費用化，Google併入YouTube後，可省去自行研發Google Video的成本，在商譽被資本化後，還有助於美化EPS，讓財務報表更亮眼。不過，這種妝點財報的方式，也不是百利而無害，因為企業的總資產虛胖，外表看起來頗像回事，卻也會讓資產週轉率變差。哪一天當「價值不再」，被會計師提列一次性的「減損」，更會大幅降低EPS。

不過，IFRSs新制規定，若是併購價格低於被併購企業淨資產的公允價值時，則產生「廉價購買利益」（即為舊制的「負商譽」），可認列為當期的投資利益，挹注入EPS。如LED一貫化廠隆達（3698）因併購威力盟（3080），於102年第1季按照新制，認列廉價購買利益5.53億元。而隆達第1季淨利4.42億元、EPS 0.92元，便是全部由此次換股併購案所貢獻，顯見此項新規定之威力。

3-8

負債準備、「或有」負債
及「或有」資產

　　你去證券公司隨便找一個法人研究員或是分析師，問他們：
「如果一家公司遭遇訴訟因而產生法律索賠，不確定有多少事
項，不確定什麼時候要支付，不確定金額是多少，請問這筆訴訟
費用是什麼？」十個分析師有九個會用直覺告訴你是「或有損
失」，另一個告訴你是「負債準備」。

　　引入 IFRSs 後，是將過去 ROC GAAP 的「或有事項、或有
損失、或有利得」的概念，修訂成為「負債準備、或有負債、或
有資產」，當然其中的基本定義與專有名詞做了許多調整。雖然
每一個字都是中文，但讀完了好像看了一整串有字天書的故事一
樣，投資人應該已經眼冒金星，完全不知所云了吧？

回到基本會計原則

事實上，讀者需要知道的觀念就是，會計制度本身是保守的，如果企業預期會出現一項經濟流出，假設很有可能發生，而且可以評估，這時候就要提列「負債準備」。如果可能發生性小，這時候就是揭露「或有負債」。相反地，如果有一筆經濟流入，除非到幾乎確定是真實的程度，才可以提列在財報上，如果只是很有可能，則僅能揭露「或有資產」，不可以認列。

了解會計規章是一回事，是否能依據既有的簡單會計知識，對於新訊息做出正確評斷，才是投資人最需要做的功課。菜籃族跟法人最大的分歧點，其實就在這裡：投資人是否有能力針對那些股市金融事件，估算出對 EPS 的影響？

近年來電子產業競爭加劇，攜帶型裝置引領風潮，尤其是智慧手機、平板電腦、車用導航、數位相機，或是更流行的穿戴裝置等等，各領域都有不同的龍頭把持其市場與相關專利權。國際智財權訴訟官司熱也愈來愈熱絡，有些公司就可以拿專利訴訟來當作市場題材，在媒體上不斷吸引投資人的注意。

反托拉斯案的友達

2006年12月，美國司法部門開始主動調查面板價格操縱壟斷，至2008年11月，各LCD廠商陸續被認定犯行，而友達（2409）至2010年6月10日遭美國司法部起訴，開始面對一連串訴訟程序。此後上訴過程對友達相當不利，2012年3月友達被判定有罪，原先市場傳言可能判賠10億美元（新台幣295億元），將會減少EPS 3.3元，影響甚鉅。

在如此的訴訟陰影之下，加上本業持續虧損，友達股價從16元連續下跌5個月，最後跌破9元。到101年9月21日，友達發布重大消息，確定反托拉斯案遭罰5億美元，股價居然起死回生、彈回到11元，原因就是罰款比年初估計的10億美元減少了一半。

友達10月底發布101年第3季財務報告附註（圖3-8-1），說明友達先前針對本案已經提列2.77億美元（新台幣80億元）的負債，第3季還要再補提列2.23億美元（約新台幣64億元）的訴

圖 3-8-1 友達101年第3季合併財務報告書

美國加州北區聯邦地方法院於民國一〇一年九月二十一日台灣時間宣判，課予友達光電公司五億美元罰金，分三年支付。針對此判決，友達光電公司表示遺憾，並有意提起上訴。雖然該判決並非終審判決，依據相關會計準則規定，友達光電公司在本季全數認列判決金額。扣除先前針對本案已估列之準備，友達光電公司於本季額外提列大約2.23億美元。

資料來源：公開資訊觀測站

訟準備金，約占 EPS –0.7元，對公司來說是雪上加霜。

　　原先年初3月時市場預期賠償金額10億美元，最後9月宣布僅需賠償5億美元，市場視為利多反應，我們可以當作是金融市場的預期心理的效果。雖然101年第3季僅需要再補提列2.23億美元的訴訟準備金，但是未來仍要實際付出5億美元的現金，對於未來現金流量其實仍舊是負面看待，不過友達股價仍從11元上漲到年底的14元。有看財報附註書的投資人，一定會保守應對，尤其又見到本業獲利沒有好轉，很容易就做出減碼或是賣出的決策，還可以在股價相對高檔時出場，一點都不會感到猶豫或困擾！

告贏蘋果的義隆

　　在國際訴訟當中，台灣廠商經常處於不利的狀態，但少數幾家公司還是能在國際列強之中，靠著自己的專利權獲得勝訴，義隆電（2458）就是這樣的一個少數案例。

　　2009年4月8日，義隆電子正式宣布對美商蘋果公司提出專利侵權訴訟，提出損害賠償請求，並要求法院對MacBook、iPhone、iPod Touch等產品發出禁止製造、使用及銷售的命令。市場開始沸沸揚揚討論這家敢在太歲爺頭上動土的電子公司。一

時之間，人人都認識了這家「小蝦米對抗大鯨魚」的電子公司。儘管營收相較於前一年沒有明顯成長趨勢，義隆電股價還是從32元，在一個月之間上漲到68元。

市場題材與想像力是一回事，但專利官司訴訟過程費時，經常可以打到海枯石爛。蘋果在2009年7月1日展開反擊，反訴義隆電產品侵害蘋果3項專利，讓這場專利訴訟峰迴路轉，義隆電又從55元，在一個月之間跌到42元。

直到2010年2月，市場又謠傳，義隆電子將可從蘋果獲得高達1億美元的和解權利金，但義隆電月底澄清，與Apple侵權案和解庭未達成共識，也就是1億美元的和解金只是一場媒體烏龍，或是和解陷入膠著放出的假消息。但義隆電不死心，於3月30日再度對蘋果提起專利侵權訴訟，4月29日美國國際貿易委員會（ITC）啟動調查，5月25日蘋果撤回部分專利侵權主張。其當年度營收成長也在第2季之間開始陷入遲滯，2011年營收成長動能陷入明顯衰退，6月30日ITC判蘋果無侵權，雙方進入和解程序。義隆電股價由年初的42元，在2011年10月拉回到22元。

這場專利官司遊戲剪不斷、理還亂，雙方最後於2012年1月5日達成和解並交互授權，且蘋果將支付500萬美元（新台幣1.5億元）予義隆電（見圖3-8-2），義隆電於2012年第1季認列1.49億元和解金。

圖 3-8-2 義隆電101年第1季合併財務報告書

雙方簽署和解合約,撤銷在地方法院的主張,及將本公司的US5,825,352及
US7,274,353和蘋果公司之US5,764,218及US7,495,659專利交互授權。美商蘋果公司
已於民國一〇一年一月支付美金5,000千元予本公司,因此,本公司於民國一〇一年
第一季認列其他營業收入149,165千元。

資料來源:公開資訊觀測站

　　一時之間義隆電又成為媒體寵兒,變成一家告贏蘋果的小公
司。跟過去財報呈現方式不同的地方在於,義隆電於101年第1
季認列一筆1.5億元的其他營業收入(權利金收入),而不是放
在業外損益(圖3-8-3)。

圖 3-8-3 義隆電101年第1季合併損益表

| | | 101年第一季 | | 100年第一季 | |
		金　額	%	金　額	%
	營業收入:				
4100	銷貨收入(附註五)	$　1,398,189	91	1,209,511	100
4800	其他營業收入(附註五及七)	151,574	10	3,157	-
4170	減:銷貨退回及折讓	12,903	1	1,221	-
		1,536,860	100	1,211,447	100

資料來源:公開資訊觀測站

　　投資人見到股價22元漲回50元,這難道都是專利訴訟的功
勞嗎?其實不然。義隆電股本43億元,這筆和解金不過只是貢
獻EPS 0.3元,區區這0.3元卻耗時公司三年多,占了大幅媒體版
面(見圖3-8-4)。

圖 3-8-4 義隆電股價走勢

資料來源：Google Finance

　　用10分鐘了解這段故事，投資人也能因此明白，進入新制
IFRSs之後，相關的「負債準備」，會認列為資產負債表的負
債，同時也在綜合損益表的業外支出表達，要小心若是提列不
足，未來再補認列會降低EPS；相反地，「或有資產」一般而言
只作揭露，當很明確認列之時，才會認列在綜合損益表，增加
EPS。若該筆金額占稅前淨利比重較高，則會導致該季或該年度
的毛利率、淨利率大幅變動，這是因應新制財報，投資人需要特
別注意的地方。

新式租賃準則

　　IFRS16新式租賃準則是在2016年初發布，在2019年1月1日生效。講到這個章節是多數會計學生的痛，它不但馬上變成近幾年必考題，而且對於過去已經學過會計的人也會有些頭痛。我一直在想要如何跟投資人介紹IFRS16又不會太過於「會計」，一開始我也是傷透腦筋，本來一直想要從會計原則來切入直接解釋，但最後我決定要用別的方式來讓投資人理解這個新式租賃準則，可能會是最好的介紹方法。

　　在2008年美國金融風暴之後，接下來發生的就是2010年的歐債危機，而且一來就持續鬧個兩年之久，對於歐豬五國大家是朗朗上口。其中最有名的，莫過於希臘利用金融手法加入了歐盟，變造了財政赤字與未償還債務。原因是2000年時希臘政府要加入歐元區，為了符合「馬斯垂克準則」，透過高盛以外匯交易「currency trade」而不以債務形式借得了數十億的款項；銀行還以預付現金，來交換政府未來的收入。義大利也不遑多讓，他

們透過摩根大通（JPMorgan）利用「currency swap」和「interest rate swap」等衍生性金融工具，取得大量現金，卻沒有被歸類為政府負債，躲避了歐元區的債務審查。這是一種透過不用揭露的金融合約，把負債表外化的金融手法，實際上是向銀行借貸獲得了現金，但資產負債表卻沒有對應的項目。

這個歷史故事跟IFRS16新式租賃準則，到底有什麼關係？

新式租賃準則大不同

在過去，相較於購入大量土地廠房的企業，若企業以租賃方式取得土地、廠房、生產設備等資產，不但不影響資產負債表等財物報表，也僅需在支付租金時在損益表費用化，完全不需要有折舊提撥，對企業來說可謂百利無一害。

但這種表外化的方式，對我們評價兩家持有相似資產的公司，若一家選擇租賃、另一家選擇購置資產時，對於金融負債會產生很大的誤判。而且，如果管理階層跟出租方簽訂變動性的合約，或是合約支付金額隨著年期有很大異動，例如第一年有租金優惠，第二、三年以後卻大幅提高，在過去租金費用化的情形下，像我們這種外部投資人是完全無法防範與預期的。

新式租賃準則IFRS16就是要解決這樣的會計盲點。在國際

上幾乎所有航空公司，都是利用租賃飛機來降低實際上的金融負債，其他像是運輸業、物流業、銀行業、零售業、電信業等行業，也多半是靠租賃契約來降低公司實際上的金融負債。

在2019年適用IFRS16後，公開發行公司除了短期租賃（租賃期間不超過12個月）及低價值資產租賃（全新資產價值小於5,000美元）以外，取得資產的使用權利時，需將租賃期間使用資產的權利認列為「使用權資產」，並且將未來支付給出租人的義務認列為「租賃負債」。

投資人不要小看這樣的會計變動，就像希臘可以美化負債藉以加入歐元區，一旦所有金融負債完全揭露，企業財報也會呈現完全不同的面貌。因為租賃資產是一項使用權，因此對該資產需要在綜合損益表提列折舊費用，而利息費用是財務成本；對於現金流量表與過去也不同，支付租賃負債之金額是被列為來自融資活動之現金流出。再來是對於未來尚未支付的租金，需要折現成租賃負債，加上多數折現是採有效利息法攤銷法，**會使得租賃費用估算前高後低費用不平均的現象**；此外，因為在資產負債表認列使用權資產與租賃負債，會導致負債比率變高。如果產業涉及高額的租賃資產，投資人務必重新評估並檢視手上相關投資標的財務槓桿合理性。儘管豁免原則會使得企業更傾向於透過短租降低負債比率，但企業能鑽的漏洞有限，事實上反而促使企業應該

要活化租賃契約的組合,對於大部分投資人來說,關注負債比率的穩定性是更重要的事情。

至於使用權資產與租賃負債如何估算,這涉及非常多的會計原理與計算,其實這並不是投資人最需要煩惱的事情,**原則上四大會計公司都有類似的經驗標準**,只需注意財報上租賃負債的附註與備註資訊,觀察租賃負債與同業比較的合理性與是否長期惡化來當準則,也還是足以趨吉避凶。

適用年度財務數字大波動

我們來看一個實際的例子,中國砂輪(1560)的民國108年年報(圖3-9-1),相較於107年,它在108年多了7,108萬的非流動使用權資產,以及1,275萬與5,857萬元的流動與非流動**租賃負債**。儘管中砂的負債比率從31%成長到42%,由於租賃負債僅占了1%~2%之間,因此負債來源並非來自於租賃負債。

圖 3-9-1 中國砂輪合併資產負債表（民國108年）

中國砂輪企業股份有限公司及子公司
民國 31 日

單位：新台幣仟元

代碼	資　產		108年12月31日			107年12月31日	
			金　額	%		金　額	%
	流動資產						
1100	現金及約當現金（附註六）	$	707,318	9	$	422,902	6
1150	應收票據淨額（附註七）		66,239	1		99,963	2
1170	應收帳款淨額（附註七及二七）		677,879	9		805,173	12
1180	應收帳款－關係人淨額（附註七及二七）		95,755	1		133,803	2
1200	其他應收款（附註二七）		21,599	-		132,822	2
1310	存貨（附註八）		1,368,638	17		1,287,064	20
1410	預付款項		76,364	1		86,963	1
1470	其他流動資產		10,403	-		9,873	-
11XX	流動資產總計		3,024,195	38		2,978,563	45
	非流動資產						
1550	採用權益法之投資（附註十）		29,214	1		2,640	-
1600	不動產、廠房及設備（附註十一及二七）		3,513,498	44		2,943,762	44
1755	使用權資產（附註十二）		71,082	1			-
1760	投資性不動產淨額（附註十三）		100,693	1		49,405	1
1805	商譽（附註二三）		7,388	-		7,388	-
1840	遞延所得稅資產（附註二十）		65,807	1		67,268	1
1915	預付設備款		803,247	10		290,841	4
1920	存出保證金（附註二九）		262,642	3		252,211	4
1990	其他非流動資產（附註二三）		47,642	1		38,564	1
15XX	非流動資產總計		4,901,213	62		3,652,079	55
1XXX	資　產　總　計	$	7,925,408	100	$	6,630,642	100

代碼	負　債　及　權　益						
	流動負債						
2100	短期借款（附註十四）	$	670,000	9	$	520,000	8
2110	應付短期票券（附註十四）		150,000	2		70,000	1
2150	應付票據			-		890	-
2170	應付帳款（附註二七）		204,292	3		245,070	4
2200	其他應付款（附註十五及二七）		579,489	7		693,703	10
2230	本期所得稅負債		64,173	1		101,803	2
2280	租賃負債－流動（附註十二及二七）		12,757	-			-
2300	其他流動負債		20,789	-		19,910	-
21XX	流動負債總計		1,701,500	22		1,651,376	25
	非流動負債						
2541	長期借款（附註十四）		1,080,000	14		100,000	1
2542	長期應付票據（附註十四）		200,000	2			-
2570	遞延所得稅負債（附註二十）		46,387	1		47,050	1
2580	租賃負債－非流動（附註十二及二七）		58,572	1			-
2640	淨確定福利負債－非流動（附註十六）		178,280	2		212,022	3
2645	存入保證金		27,900	-		30,900	-
2670	其他非流動負債（附註十七）		27,219	-		40,358	1
25XX	非流動負債總計		1,618,358	20		430,330	6
2XXX	負債總計		3,319,858	42		2,081,706	31

資料來源：公開資訊觀測站

再來是我們深入檢查附註十二（圖3-9-2）與附註二十七，其羅列的附註項目並沒有任何怪異或不合理的地方，而附註二十七的關係人租賃金額不大而且也有揭露。由此可知，租賃契約對這家公司來說，並沒有任何大問題。

圖3-9-2 中國砂輪年報附註十二（民國108年）

十二、租賃協議

　　(一) 使用權資產－108 年

	108年12月31日
使用權資產帳面金額	
土　地	$ 40,842
建築物	30,240
	$ 71,082

	108年度
使用權資產之折舊費用	
土　地	$　2,463
建築物	10,513
	$ 12,976

　　(二) 租賃負債－108 年

	108年12月31日
租賃負債帳面金額	
流　動	$ 12,757
非流動	$ 58,572

　　租賃負債之折現率區間如下：

	108年12月31日
土　地	0.84%~1.11%
建築物	0.84%

資料來源：公開資訊觀測站

　　例如遠百（2903）在2019年負債比率從64％成長到70％，增加的數字來源也主要是來自於租賃負債，其他如統一超（2912）、全家（5903）、天仁（1233）、瓦城（2729）、寶雅（5904）等等，也都是財務數字被IFRS16的影響較大的對象。

圖3-9-3　遠東百貨資產負債表（民國108年）

代碼	負債及權益				
	流動負債				
2100	短期借款（附註二十、三二及三三）	$ 9,630,896	7	$ 12,957,612	13
2110	應付短期票券（附註二十及三三）	3,622,993	3	3,480,365	3
2130	合約負債－流動（附註二五及三二）	7,770,828	6	7,525,468	7
2150	應付票據	3,184	-	3,683	-
2170	應付帳款	15,120,910	11	17,579,453	17
2180	應付關係人款項－一類款（附註三二）	93,455	-	104,999	-
2200	其他應付款（附註二一、二四及三二）	3,971,660	3	3,687,578	4
2230	本期所得稅負債（附註二七）	772,780	1	609,796	1
2250	負債準備－流動（附註二二）	3,000	-	6,592	-
2280	租賃負債－流動（附註十五及三二）	3,381,049	3	-	-
2310	預收款項（附註三二）	440,970	-	354,277	-
2322	一年內到期之長期借款（附註二十及三三）	2,540,000	2	-	-
2399	其他流動負債（附註二一及三二）	315,976	-	320,947	-
21XX	流動負債總計	47,667,701	36	46,630,770	45
	非流動負債				
2540	長期借款（附註二十及三三）	14,999,757	12	15,090,000	15
2550	負債準備－非流動（附註二二）	24,823	-	24,909	-
2570	遞延所得稅負債（附註二七）	2,312,954	2	2,114,362	2
2580	租賃負債－非流動（附註十五及三二）	25,406,473	19	-	-
2640	淨確定福利負債（附註二三）	738,431	1	808,480	1
2670	其他非流動負債（附註二一及三二）	457,159	-	1,387,430	1
25XX	非流動負債總計	43,939,597	34	19,425,181	19
2XXX	負債總計	91,607,298	70	66,055,951	64

資料來源：公開資訊觀測站

IFRS16並非雷聲大雨點小

　　儘管負債比率大幅提高，對於投資人來說一開始不需要過度擔憂，除非連年持續比率提高，那就才要思考公司財務槓桿是否不合理。再來是負債比率這個項目，在公司持續營運與獲利狀況

下，通常不會是優先被關注的問題，但是一旦公司出現營運衰退或大幅虧損，企業就必須思考是否需要去槓桿才提升營運績效，這時候的金融負債就會浮上檯面成為關注的議題。

因此，IFRS16雖然變動很大、涉及項目繁多、會計評估的計算很複雜，對投資人來說，卻不是第一時間要立即拿來做投資判斷的因素。對企業來說，只是少了美化的工具，但那純屬一般外部股東對於數字的不理解，企業的信用狀況也應該不至於受到會計變動的影響，因為授信本來就會將表外金融負債一併考量。

IFRS16規範較多的是揭露項目，像出租人對於五年內與剩餘年度內的給付分析，不論是租轉售或是其他租金或附加成本的變動，都需要揭露；對於承租方的會計改變，是改進了過去表外化費用化的，其實都是提高了財報的透明度與可比較性。投資人其實不需要契約一筆筆檢視，那是會計師的事情。

投資人第一時間需要知道的是，當負債比率突然變高時，企業是否只是由於會計規則變動產生的結果，再來是檢視附註項目是否與其他同業有異常項目或數字，接著是持續追蹤與觀察企業表現。**事實上租賃費用隨著年期會慢慢抵減**，而資產也會持續折舊，長時間來說，合併資產負債表的財務比率應該要長期回穩且漸入佳境，才是我們合理的預期。

Chapter

IFRSs對財務報表分析的影響

　　如果你是有基礎會計概念的讀者，都能看懂財務報表的「五力分析」。所謂五力分析，是獲利能力、經營能力、償債能力、財務結構，以及現金流量分析，透過加減乘除會計數字，即使不是會計師，也能為投資標的進行簡易的「健康檢查」。這份企業的健康檢查表，從以時間為排序，每季度、年度相較的「水平分析」，複合五力分析、相關產業比較所構成的「垂直分析」，讓讀者能全方位檢視投資標的，預約未來的財富。

　　時間就是金錢，要知道各上市、櫃公司的財務比率分析，不必敲打計算機慢慢算，也不見得要花大錢跟老師、買名牌，只要上公開資訊觀測站（http://mops.twse.com.tw）點幾下滑鼠，就能夠免費又輕鬆地查詢想要的資訊。

　　點選「新版」後，在「營運概況」的分項下，選擇「財務比率分析」，或許過往我們都會直覺點擊「財務分析資料」，但在實行IFRSs後，財務比率分析就分為「採IFRSs前」、「採IFRSs後」。較可惜的是，「採IFRSs前」的財務比率分析，公開的仍是母公司的財務比率分析，如同第2章的瑞儀（6276）個案中得到的結論，合併報表比母公司的財務比率分析更有意義，因此，想查詢之前的財務比率分析，大家可以多多利用券商提供的免費下單軟體。

　　在IFRSs新制度下，許多會計分項的計算基礎已經改變，過

Step by step！從公開資訊觀測站找五力分析數字

往舊數字的意義，也應該與時俱進做更新，若是沒有吸收這些新
觀念，僅以過去的比率大小，來判斷公司財報優劣，恐怕會誤踩
地雷而不自知。因此，掌握IFRSs的重點，靈活運用財務報表分
析，來檢視自己的投資組合、把關自己的資產，將是投資決策的
致勝關鍵。

4-1
投資標的體質如何
——財務結構分析

2008年投資銀行雷曼兄弟（Lehman Brothers）宣告倒閉，引發金融海嘯，幾乎全球企業都受到重創，許多投資人的資產大幅縮水，而股神巴菲特的選股策略卻一支獨秀！他偏好高股東權益報酬率（ROE）且低負債的公司，而且能夠回饋股東現金股利，若搭配他的名言「退潮時才知道誰在裸泳」一起玩味，不難發現巴菲特十分重視投資企業的財務結構。

財務結構，意味著一間公司的長期償債能力。在表4-1-1中列出的兩大重要公式，讓投資人可以對企業財務結構有基本的認識。其中，過去的長期資金占固定資產比率，將因新制而變更為長期資金占不動產、廠房及設備比率。

在 IFRSs 新制度下，資產負債表的分類已經做過修改，我們可以回顧本書的第二章，長期資金占固定資產比率的分子中，過往的「長期負債」將和「其他負債」合併，變成 IFRSs 新制度下

表 4-1-1 財務結構分析的重要公式

比率	算式	意義	判斷標準	好的趨勢
負債占資產比率	$\dfrac{負債總額}{資產總額}$	顯示企業外來資金占資產總額比例	愈低愈佳，當總體經濟趨緩或震盪時，受債權人「雨天收傘」的影響就愈小	↘
長期資金占固定資產比率	$\dfrac{股東權益淨額＋長期負債}{固定資產淨額}$	檢驗企業的固定資產是否全部以長期資金提供，避免以短支長	以 ≥100 為標準；若 <100，該企業有以短支長的風險	↗
（新制）長期資金占不動產、廠房及設備比率	$\dfrac{權益總額＋非流動負債}{不動產、廠房及設備淨額}$	檢驗企業的不動產、廠房及設備是否全部以長期資金提供，避免以短支長	以 ≥100 為標準；若 <100，該企業有以短支長的風險	↗

的「非流動負債」，分子很可能提高。除了分子的定義變動，分母由固定資產淨額，改為不動產、廠房及設備淨額，不含 IFRSs 新增的投資性不動產淨額。當進行多年期比較時，舊公式與新公式的計算結果可能會非常分歧，這也是我們該注意的部分。

　　想要進一步替企業的財務結構把脈，我們可以看到鴻海（2317）受惠於Apple在2013年9月中旬，發表iPhone 5S、iPhone 5C、iPad5及更新版iPad mini等新產品，在8月起感受到接單效應，也讓鴻海董事長郭台銘向股東表示「金蛇出洞」，似乎完全走出年初確定與夏普（Sharp）合作破局的陰霾。

　　「鴻夏戀」在2012年3月上旬開始發酵，鴻海斥資近669億日圓入股夏普，獲得9.9%的股權，為當年背負7,060億日圓短期債務、3,140億日圓長期債務，且現金和現金等價物加總僅有2,180億日圓的夏普公司，帶來希望的曙光，也被視為近年來台、日消費性電子產業最重量級的合作案。合作案初步簽訂後，夏普股價下挫近65%，讓鴻海股價也受拖累，從近十年股價走勢就可看出（圖4-1-1），到了8月中旬，鴻海宣布要與夏普重新協商股價與其他相關合作事宜，雙方對經營權的認知分歧已經躍然紙上，到2012、2013年交界之際，正式宣告破局。直到2016年8月13日，鴻海才成功以3,888億日圓取得夏普66％股權，成為鴻海子公司。

圖4-1-1 鴻海近十年股價走勢

80.00 TWD −2.10 (2.56%) ↓
7月24日 下午1:30 [GMT+8] · 免責聲明

| 1 天 | 5 天 | 1 個月 | 6 個月 | 本年迄今 | 1 年 | 5 年 | 最久 |

資料來源： Google Finance

從表4-1-2中，檢視鴻海近四年來的合併報表財務結構變化，2016年合併夏普後負債占資產比率上升了9.35%，幸好的是長期資金占固定資產比率能一路上揚。

表4-1-2 鴻海近四年年度合併報表財務結構分析

年度		2016	2017	2018	2019
財務結構分析	負債占資產比率（%）	56.26	65.61	60.59	57.85
	長期資金占固定資產比率（%）	433.18	496.66	565.57	578.56

資料來源： CMoney

　　參考圖4-1-2，投資人最初認識的鴻海，跟現在有名的鴻海，在財務結構上已經不一樣了，它的負債包袱一直在長大，負債占資產比率逐年提高，折舊也一直在長大，但是對這麼大的企業而言，這樣的轉變算質變嗎？應該要警惕嗎？

　　基本上，鴻海的體質還算是健全的，接下來應該注意的，就是手上現金數量，是否足夠支應短期負債所需，這邊就進入下一力──償債能力分析。

圖4-1-2 鴻海的合併報表財務結構走勢

負債比率

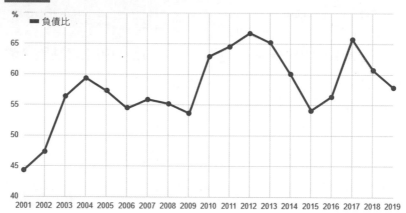

資料來源：財報狗

短期銀彈足夠嗎
──償債能力分析

償債能力分析又稱為「流動性分析」，用來衡量企業的短期償債能力，表4-2-1的重要公式，將與前述的企業財務結構分析相輔相成，投資人可以綜合簡單的數字，一眼洞穿企業長、短期全面性的償債能力。

對於不同產業而言，由於特性不同，在比率上的差異就相當大。例如營建業的速動比率是最低的，因為它們的存貨是不動產，而大部分營建業都愛養地囤貨，從表4-2-2遠雄建設（5522）而言，因為房地產回穩，它的流動比率持平，也高出130%的低標許多，在速動比率大致都低於40%，同時2019年營業收入衰退14.7%，利息保障倍數是這幾年低點。

不過，遠雄建設三年來的合併報表稅後純益率，都在8%到15%之間徘徊，相較稅後純益率要保住3%都困難的電子業，似乎短期銀彈的不足，起碼還有其他方式可以支應──因此，這時

表4-2-1 償債能力分析重要公式

比率	算式	意義	判斷標準	好的趨勢
流動比率	$$\frac{流動資產}{流動負債}$$	衡量企業短期負債的保障程度	通常以200%為標準，<130%偏低	↗
速動比率（酸性測驗）	$$\frac{流動資產-存貨-預付費用}{流動負債}$$	衡量企業緊急清償短期負債的應變能力	各產業償債能力不同，通常以100%為標準，<80%過低	↗
利息保障倍數	$$\frac{稅前及息前純益（EBIT）}{本期利息支出（I）}$$	衡量企業純益支付負債的利息支出的能力	負債占資產比率高，違約風險也會提高，這時利息保障倍數就更為重要，至少要大於1倍，大於20倍風險較小	↗

表4-2-2 遠雄建設的合併報表償債能力分析

年度		2017	2018	2019
償債能力分析	流動比率（%）	194.09	199.53	199.37
	速動比率（%）	30.08	28.36	41.48
	利息保障倍數	9.43	14.05	12.26

資料來源：CMoney

候就要看營業活動的現金流量（CFO），通盤去檢視一間企業的
體質。

　　未來在 IFRSs 新制度下，除非是買方指定建案的主要結構，
建商才可以使用完工比例法，否則一律採用完工交屋時認列，且
有關廣告及代銷佣金等相關支出，應於發生時認列為費用，不能
先認列為遞延資產再轉列費用，讓建商失去美化財務報表的機
會。這些新規定新衝擊，將增加建商的費用、減少「稅前及息前
純益」，對於利息保障倍數本來就偏低的營建業來說，將是嚴峻
考驗的開始。

　　若我們一以貫之地繼續檢視鴻海的短期償債能力，從表
4-2-3 上，我們可以看到鴻海近四年在流動比率上的變化，
從 2016 年的 154% 附近，下滑約 19% 至 135%，2019 年才回到
155.28%；若是真的有緊急需要清償的短期負債，它的速動比率
仍然有逐步下滑的趨勢，但還是有達到教科書低標的 100%。

表 4-2-3 鴻海的合併報表償債能力分析

年度	2016	2017	2018	2019
償債能力分析　流動比率（％）	154.17	135.58	149.54	155.28
速動比率（％）	122.21	106.88	113.92	122.96
利息保障倍數	8.45	5.69	4.07	3.46

資料來源：CMoney

　　數字差異最大的，莫過於利息保障倍數，這個數字不僅反應了企業獲利能力的強弱，也會同步反應償還到期債務的保證程度，是企業是否能舉債經營的大前提，在最差的情況下利息保障倍數至少也要大於1，也就是一間公司的營業收入減去營業成本及行銷、管理、研發等費用後，至少要能夠償還債權人負債利息。當然比值愈高，代表企業的償債能力愈強。表4-2-4的簡單例子中，利息保障倍數等於EBIT/I（130/10），所計算出來的13倍，即代表該企業支付利息是游刃有餘的。

　　鴻海的近三年的利息保障倍數下滑，與其營業收入成反比，在2012年鴻海合併營收已經接近新台幣4兆元，即使在營收高峰，稅後純益率卻無法突破3%，凸顯了營業主力為消費性電子產品拼裝的隱憂，就是毛利率愈來愈薄——這也就不難理解，為什麼郭董當時全力促成「鴻夏戀」，希望能取得高階液晶面板製造技術，製造公司轉型獲利的契機。

表4-2-4 接住 EBIT ＝ NI ＋ I ＋ T的變化球！超簡單的計算題

加減	英文縮寫	解釋	例題
	EBIT	稅前息前純益	130
－	I	給債權人的利息	－ 10
	EBT	稅前純益	120
－	T	給政府的所得稅	－ 20
	NI	稅後純益（本期損益）	100

　　在IFRSs新制下，關於大家過去較為陌生的遞延所得稅資產、遞延所得稅負債的分類方式，亦做了新規定（如表4-2-5）。這二個項目在過去，可以依其流動性，分別放在流動或是非流動；在IFRSs新制下，就一律只能放在非流動項目。這個小小的改變，將使得採用IFRSs的101年、102年及以後年度的短期償債能力比率，與採用舊制的100年及以前年度的短期償債能力比率，無法在一致的基礎上進行分析。所幸的是，短期償債能力通常只要注意趨勢是否大幅度變差即可，大家可以將焦點放在企業最重要的獲利能力分析與現金流量分析。

　　一家企業真正重要的是創造現金的能力，而不是盈餘。因此，一間公司的償債能力是否優秀，先仰賴它的經營與獲利，當電子產業合併營收創新高，淨利率卻愈來愈薄，相較傳統產業可能營收遞減，淨利率卻能維持時，我們該怎麼判別這一間公司「會不會賺錢」？此外，帳面上的盈餘，不一定保證能現金

表4-2-5　遞延所得稅資產／遞延所得稅負債的分類轉變

項目	意義	IFRSs	舊制
遞延所得稅資產	企業未來可以抵稅的金額	非流動資產	流動資產 or 非流動資產
遞延所得稅負債	企業未來需要繳稅的金額	非流動負債	流動負債 or 非流動負債

　　入袋，所以我們還要進一步追蹤這一間公司「能不能創造現金流」？這裡，就進入了經營能力分析、獲利能力分析乃至於現金流量分析的範疇。

公司治理週轉靈不靈
——經營效率分析

　　一間公司要創造營收和淨利，有效率的經營模式是必要條件，然而，企業的營業活動千頭萬緒，怎樣才是有效率的公司治理方式？我們可以直接檢視財務報表，從數字中發現端倪。

愈快收到錢愈好，愈早付出錢愈吃虧

　　經營效率分析也可以稱為「活動力分析」，用來檢視企業資本運用的效益。首先，在各式各樣的「週轉活動」中，我們可以檢視一間企業的「營業循環」，也就是「進貨」到「銷貨」的平均售貨日數，加上從「銷貨」到「收現」的平均收現日數，若企業可以在愈短的時間完成這個周期，代表企業的週轉能力愈好。

　　當然，正常企業不可能只出不進、只賣不買，進貨的同時也要負擔一定成本，「付現」通常發生在「銷貨」之前，因此這邊

衍生出「淨營業循環」，讀者不用擔心掉入專有名詞的迷宮，只要記得營業循環系列的趨勢，除了平均付現日數外，都是數字愈小，代表績效愈好（圖4-3-1）。

圖4-3-1 完整的淨營業循環

而下列經營效率分析的公式，看似複雜，但事實上概念都是十分相近的，我們只要掌握一個規律——「愈快收到錢愈好；反之，愈早付出錢愈吃虧」，基本上就能掌握財務報表的趨勢。

表 4-3-1 經營效率分析的重要公式

比率	算式	意義	判斷標準	好的趨勢
應收帳款週轉率	銷貨淨額^{（註1）} / 平均應收帳款	衡量企業收款的效率	數字愈大，代表收帳期間愈短，表示企業應收款項的流動性愈大；反之，呆滯在外的資金愈多	↗
應收帳款收現天數	365 / 應收帳款週轉率	衡量企業銷貨產生應收帳款至收現所需花費的時間	與同業相較可以了解行業特性；通常小於90天屬於正常，大於180天則太差	↘
存貨週轉率	銷貨成本 / 平均存貨	衡量企業銷貨效率以及存貨控管能力	存貨週轉率高，代表出貨順暢、存貨控制力佳；存貨週轉率低，代表存貨呆滯，甚至有存貨價值高估的可能	↗
平均銷貨日數	365 / 存貨週轉率	評斷企業存貨從購買到出售所需花費的時間	愈短愈佳	↘
應付帳款週轉率	進貨 / 平均應付帳款	評斷企業支付應付帳款的效率	愈小愈好，公開資訊觀測站並沒有這項資訊，需要自行計算。應付帳款週轉率高，代表供應商不願意給予較好的付款條件；反之，享有較好的付款條件，代表該企業應是供應商的優良或重要客戶	↘
平均付現日數	365 / 應付帳款週轉率	評斷企業由購入存貨產生應付帳款，到實際付款時需要花費的時間	愈長愈好，公開資訊觀測站並沒有這項資訊，需要自行計算	↗

（續下頁）

| 表4-3-1 | 經營效率分析的重要公式 | | | （續上頁） |

比率	算式	意義	判斷標準	好的趨勢
固定資產週轉率	$\dfrac{銷貨淨額^{(註1)}}{固定資產淨額^{(註2)}}$	評斷企業使用固定資產來產生銷貨收入的效率	愈高愈佳。若是低於同業，意味著廠商有太多閒置的固定資產，在投資策略上應該更保守	↗
（新制）不動產、廠房及設備週轉率	$\dfrac{銷貨淨額^{(註1)}}{不動產、廠房及設備淨額^{(註2)}}$	評斷企業使用不動產、廠房及設備來產生銷貨收入的效率		↗
總資產週轉率	$\dfrac{銷貨淨額^{(註1)}}{資產總額}$	評斷企業使用企業總體資產來產生銷貨收入的效率		↗

註1：銷貨淨額＝銷貨收入－銷貨退回、折讓
註2：固定資產淨額＝固定資產－累計折舊；
　　　不動產、廠房及設備淨額＝不動產、廠房及設備－累計折舊
註3：應收帳款在實務上，除了應收帳款外，還包括因營業而產生之應收票據；
　　　應付帳款在實務上，除了應付帳款外，還包括因營業而產生之應付票據

週轉天數走勢暗藏玄機

　　在經營績效上，締造台股最年輕的股王及股后傳奇的漢民微測科技（簡稱漢微科，3658），專職製造檢驗晶圓缺陷的電子束檢測設備，在全球半導體業龍頭Intel進入14奈米生產階段時，它的半導體晶圓檢測技術已做到3奈米。目前漢微科全球市占率

達85%，由於技術能力領先，若檢視近三年賣出的電子束檢測設備，製造商都是漢微科，漢微科儼然變成這塊市場上唯一的供給者（每台檢測設備為新台幣5,000萬元）。2013年初，漢微科宣布2月合併營收達新台幣5.3億元，月增2.59倍，年增62.14%，創下歷史新高──這是受惠於半導體大廠Intel、台積電、三星下單採購。

漢微科成立於2003年，創業初期7年都是賠錢，因此，2008年漢微科進行減資，把累積的虧損全部打消，因此資本額從新台幣7.8億元，下降到新台幣1.3億元，減資幅度將近83%，其後又進行現金增資新台幣2.8億元，讓公司繼續運作下去。

這些負面訊息，容易隱藏春燕來到的消息。由於晶圓製程愈趨微小化，光學檢測機將出現侷限，然而，也是晶圓缺陷檢測大廠的美商科磊，即使很早就開發出電子束檢測技術，卻因成本考量將之束諸高閣。漢微科專心往科磊忽略的領域發展，它在晶圓檢測設備上的技術實力，可以從存貨週轉天數的曲線得到驗證。

在漢微科減資的一年後，也就是2009年，開發出了電子束檢測機系列產品的eScan®400，我們可以從圖4-3-2看到，這時存貨週轉天數開始下降。到了2010年，漢微科成功開發eScan®320、eXplore等產品，讓接單能見度大增，應收帳款收現天數與營運週轉天數的效益也同步彰顯──營運週轉天數從超過

圖 4-3-2　漢微科的應收帳款收現天數、存貨週轉天數、營運週轉天數走勢

資料來源：財報狗

750天，下降到450天左右；應收帳款收現天數也從超過150日的「待加強」狀態，進入「正常」領域。

　　即使在2012年中期，市場上光學檢測機對應電子束檢測機的比例，大約還是10比1，但在完整的專利布局下，漢微科已經被視為晶圓檢測領域的新霸主。到了2013年初，漢微科的主要客戶除了台積電、三星、爾必達，更再下一城，打入半導體龍頭大廠Intel的供應鏈，從圖4-3-3的近兩年走勢，可以看到漢微科的股價幾乎是倍數反應它的經營效率。

圖4-3-3 漢微科近兩年個股與指數走勢

名稱	漢微科	電子	上櫃指數
今年以來	57.52%	12.34%	14.54%
最近一週	-7.4%	1%	1.1%
最近一個月	-10.85%	-1.63%	-1.06%
最近三個月	-12.98%	-3.83%	-1.03%
最近六個月	38.74%	6.29%	7.5%
最近一年	99.52%	5.98%	12.03%
最近二年	951.97%	2.21%	10.98%

資料來源：鉅亨網

　　而從圖4-3-4，我們可以看到反例。主要業務為自動化控制機電整合的羅昇（8374），在2011年初期，不斷被市場消息面喊多，當時投資人對羅昇寄予厚望，很大一部分是建立在羅昇與上銀（2049）深厚的合作關係，上銀董事長卓永財甚至公開表示，在大陸市場，上銀的產品就由羅昇代理，原因是「不想讓羅昇去賣對手的商品」，同時上銀準備擴廠的動作頻頻，讓投資人更加相信精密機械產業的獲利可期。

　　其實在2011年第3季，羅昇的財報就發出警訊，羅昇的應收帳款從2009年第4季的新台幣5.7億元，上升到14.35億元；同期相比，連存貨數字也翻了超過兩倍，從新台幣5.67億元，爆增到14.66億元，存貨週轉天數、營運週轉天數也直線上升。與羅昇休戚與共的上銀，在營運績效分析的三條曲線，也是相同的走勢。

圖4-3-4 羅昇與上銀的應收帳款收現天數、存貨週轉天數、營運週轉天數走勢

上銀

羅昇

資料來源：財報狗

　　當時投資人還反應不過來，2011年第2季時，羅昇股東會通過發給股東2元的股票股利及0.5元的現金股利，而且同年第3季獲利一飛沖天，每股盈餘6.29元十分亮眼（全年EPS僅再微增至6.63元），為什麼在2011年5月31日創下歷史新高95.7元後，會一夕翻盤？

　　若我們仔細閱讀財務報表，會驚覺羅昇的獲利，是來自業外收益而得的收入，而且細查下去，還會發現這是典型的「一次性處分投資利益」——羅昇將3.81%的中達電通（台達電子公司）轉賣回台達電集團，因此認列處分投資利益近新台幣2.8億元，貢獻EPS3.72元。同時，羅昇隨即拿出約新台幣4億元，從中達電通手中買回子公司天津羅昇29.23%的持股，買回後持股由70.77%變為100%持有。最後，羅昇、台達電對於彼此的子公司天津羅昇、中達電通就不再互相持股。

　　存貨、股票不會因為在母公司與子公司之間搬來搬去就增值，因此IFRSs新制度下，子母公司間的交易，會計師必須揭露沖銷的過程，讓財務資訊更透明，廠商的經營能力也能放在陽光下檢視，至於哪間公司是下蛋的金雞母？誰又是一毛不拔的鐵公雞？往下伸入第四力——獲利能力分析，便能揭曉答案。

4-4

是金雞母還是鐵公雞
——獲利能力分析

　　透視一間公司的經營能力後，基本上善於經營的公司，在獲利上就應該有正向的表現。而公司獲利後，究竟應該借貸擴充生產線？還是該保守小心，不要擴大財務槓桿？

　　獲利能力與經營策略互為表裡，經營策略對企業而言，是一場不可逆的實驗，因此接下來要介紹的獲利能力分析五大重要公式，可以協助投資人對於廠商的獲利以及策略，進行基礎的判斷（表4-4-1）。

　　要正確評價一間公司的股價是否被高估，還必須從更多數字入手，後面登場的「杜邦公式」，就是十分經典的獲利能力指標，初入門股市的讀者一定要學習，熟悉財務管理的讀者也可以藉這個機會溫故知新。

表4-4-1 獲利能力分析的重要公式

比率	算式	意義	判斷標準	好的趨勢
資產報酬率（ROA）	$\dfrac{\text{稅後損益}+\text{利息費用}\times(1-\text{稅率})}{\text{平均資產總額}}$ $\dfrac{\text{EBIT}\times(1-\text{稅率})}{\text{平均資產總額}}$	衡量企業運用總資產的獲利能力	當企業預期總體經濟升溫、企業淨收入上升時，且ROA＞舉債利率時，提高負債對ROE有幫助 當企業預期淨收入下降時，ROA、ROE也會下降，增加財務槓桿會擴大股東的風險，這時應減少負債、穩健經營	↗
股東權益報酬率（ROE）	$\dfrac{\text{稅後損益}}{\text{平均股東權益淨額}}$ $\text{ROA}+\left\{[\text{ROA}-\text{負債利率}(1-\text{稅率})]\times\dfrac{\text{負債}}{\text{股東權益}}\right\}$	衡量企業運用自有資金（股東權益）的獲利能力	當負債趨近於零時，ROE僅等於ROA，對於成長中的企業、總體經濟熱絡的情況下，零負債並不利於ROE。因為如果ROA打敗利率，則ROE＞ROA，表示負債將有利股東，一般可以享有較高的本益比。ROE＞15%，是股神巴菲特認為可長期持有一檔股票的要件之一	↗
純益率	$\dfrac{\text{稅後損益}}{\text{銷貨淨額}}$	每1元營收對企業而言，扣除相關成本、費用後，能夠淨賺多少錢	能夠得知一間企業的獲利及成本費用控制能力，純益率愈高代表獲利能力愈強，成本費用管控佳	↗
每股盈餘（EPS）	$\dfrac{\text{稅後淨利}-\text{特別股股利}}{\text{加權平均流通在外股數}}$ 新制 $\dfrac{\text{歸屬於母公司業主之損益}-\text{特別股股利}}{\text{加權平均流通在外股數}}$	在相同的本益比，EPS上升，股價愈高	分子的「稅後淨利」與「歸屬於母公司業主之損益」項目是應計制，若盈餘品質不佳，現金不一定流入，必須搭配現金流量分析	↗
本益比（P/E）	$\dfrac{\text{每股市價}}{\text{每股盈餘}}$	E/P為投資報酬率，愈高愈佳；P/E為本益比，愈低愈佳	總體經濟影響本益比：景氣差，本益比較低；景氣好，本益比較高 產業性質影響本益比：以往傳統產業本益比較低，IC設計產業本益比較高	↘

高ROE傳產類股：儒鴻ROA、ROE分析

　　近年營運起飛的儒鴻（1476），是Nike、adidas等國際知名運動品牌的代工廠，除了替世界前三大運動品牌的接單生產，同年度還必須加上新的日本及澳洲訂單。在2013年8月中旬，儒鴻董事長洪鎮海公開表示，訂單能見度上看6個月到9個月，而同年度10月的成衣訂單，就高達840萬件，接近聖誕節出貨旺季的11月，更是上看689萬件，訂單爆量「接到不敢接」，這是儒鴻的關鍵年。

　　成立於1977年的儒鴻，以委託代工生產成衣OEM起家，目前轉攻毛利高、替代性低的設計加工ODM，除了有自家的打樣中心，加上超過3,000種布料的排列組合，每日可以提出超過150款新樣衣。洪鎮海指出，截至2013年8月中旬，紡織布料包括台灣、越南廠每個月產能共260萬公斤，在台灣、中國柬埔寨和越南共有15間工廠，單月產能共500萬件成衣，要因應擴張的訂單需求，儒鴻也加緊速度規畫新產能，例如在越南廠區，就要新增76條產線。

　　從圖4-4-1中，即可看出儒鴻在過去這15年中，除了2008年金融海嘯外，代表獲利經營能力的年營收、毛利率、營業利益率、淨利率趨勢，都是向上。

圖 4-4-1 儒鴻年營收、毛利率、營業利益率、淨利率趨勢圖

單位：佰萬元；%

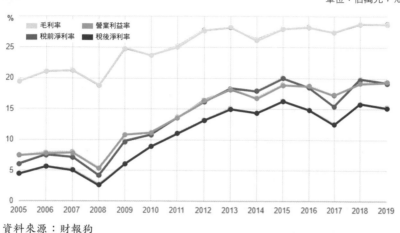

資料來源：財報狗

　　要擴充生產線不外兩條路，一是舉債，二是增資，而哪一種對儒鴻而言才是好策略？哪一種策略對獲利能有更大的貢獻？從圖4-4-2及表4-4-2，我們可以看到近年來儒鴻ROE、ROA的走勢，進而拆解前面兩個問題。

圖 4-4-2 儒鴻 2005 至 2019 年 ROE、ROA 走勢

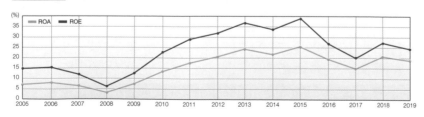

資料來源：財報狗

表4-4-2 儒鴻2005至2019年合併報表ROE、ROA數據一覽

年度	2005	2006	2007	2008	2009	2010	2011	2012
ROE (%)	13.15	15.53	12.21	6.45	12.89	22.85	29.15	32.24
ROA (%)	7.58	8.75	7.29	4.12	7.62	13.87	17.90	20.84

年度	2013	2014	2015	2016	2017	2018	2019
ROE (%)	37.08	34.15	39.28	27.24	20.23	27.37	24.53
ROA (%)	24.36	22.04	25.78	19.61	15.38	20.93	19.13

資料來源：財報狗

那麼，儒鴻的財務槓桿究竟是多少？運用表4-4-3的杜邦公式，就能夠輕易算出（見表4-4-4）。

表4-4-3 杜邦公式的應用

$$\frac{稅後損益}{平均股東權益} = \frac{稅後損益}{平均資產} \times \frac{平均資產}{平均股東權益}$$

$$ROE = ROA \times 財務槓桿$$

表4-4-4 儒鴻2005至2019年財務槓桿走勢

年度/季度		2005	2006	2007	2008	2009	2010	2011	2012
(1)	ROE (%)	15.06	15.55	12.21	6.45	12.89	22.85	29.15	32.24
(2)	ROA (%)	7.57	8.2	6.72	3.57	7.55	13.76	17.9	20.84
(3)=(1)/(2)	財務槓桿 (%)	198.94	189.63	181.70	180.67	170.73	166.06	162.85	154.70

年度/季度		2013	2014	2015	2016	2017	2018	2019
(1)	ROE (%)	37.08	34.15	39.28	27.24	20.23	27.37	24.53
(2)	ROA (%)	24.36	22.04	25.78	19.61	15.38	20.93	19.13
(3)=(1)/(2)	財務槓桿 (%)	152.22	154.95	152.37	138.91	131.53	130.77	128.23

　　當然，一間公司的資產報酬率ROA，和資金的屬性及取得方式沒有關係，但是與股東權益報酬率ROE息息相關，企業貸款資金與股東權益比例的變動，投資人的報酬率是不一樣的。

　　儒鴻除了新建越南廠區的76條產線，柬埔寨金邊的成衣廠也已經動工，預估設置30條生產線，每月能新增約250萬至300萬件成衣。儘管因應這些擴廠需求，儒鴻的合併報表負債總額由2005年底的18.39億元，舉債幅度增加至2012年底的34.23億元，但是藉由表4-4-4我們可以發現，儒鴻的財務槓桿是逐年下降的，代表負債增加的同時，股東權益增加的幅度更大。

　　投資人可以從表4-4-5中，看到當ROE大於ROA，代表ROA資產報酬率是打敗負債利率，舉債經營其實對企業有利；而儒鴻近八年來，ROE都大於ROA，公司2013年的第2季季報中，稅後盈餘達新台幣12.26億元，年增率達70%，每股盈餘上看新台幣4.98元，遠勝去年同期的3.19元，以傳統第2季為淡季

表4-4-5 接住杜邦公式變化球！

$$ROE = ROA + \left\{ [\,ROA - 負債利率（1-稅率）\,] \times \frac{負債}{股東權益} \right\}$$

結論：

ROE ＞ ROA → ROA ＞負債利率→舉債經營有利
ROE ＜ ROA → ROA ＜負債利率→舉債經營不利

下，表現十分亮麗，而俗語說：小心駛得萬年船，面對瞬息萬變的市場，依舊得謹慎控管負債比率。到了2015年，EPS一舉成長到15.99元，此後每年都賺超過一個股本，股價長期在300元以上也是相當合理。

另外值得注意的是，財務槓桿是會影響篩選長期投資標的——ROE的指標，這也是股神巴菲特最在乎的獲利標竿之一，以下我們將更深入地探討它，用杜邦公式的變化型（見表4-4-6），來接住不同會計數字的變化球。

表4-4-6 杜邦公式變化球

$$\frac{稅後損益}{平均股東權益} = \frac{稅後損益}{銷貨淨額} \times \frac{銷貨淨額}{平均資產} \times \frac{平均資產}{平均股東權益}$$

ROE	=	純益率	×	資產週轉率	×	財務槓桿
↗ 愈高愈好		↗ 獲利愈高愈好		↗ 翻桌率愈高愈好		財務槓桿高，需要承擔負債風險

若我們使用杜邦公式變化球來分析儒鴻（如圖4-4-3），會發現儒鴻ROE長期趨勢向上，其向上的動力來源，貢獻於淨利率、資產週轉率的趨勢向上，而非來自於過度使用財務槓桿。長期而言，一家公司股東權益報酬率（ROE）長期趨勢向上，同時ROE大於ROA，加上搭配淨利率、資產週轉率趨勢向上，財務槓桿率趨勢向下，為選股中之極品。

圖 4-4-3 儒鴻 2008 至 2019 年杜邦公式變化球走勢

獲利能力

ROE>ROA，借的愈多賺的愈多，但要小心借錢槓桿太高，景氣反轉，像炒房一樣
ROE<ROA，借的愈多賠的愈多，使用資產報酬率低，如四大慘業

股東權益報酬率（ROE）長期趨勢向上，搭配淨利率、資產週轉率趨勢向上，財務槓桿率趨勢向下，為選股中之極品

股東權益報酬率(%) 24.53　資產報酬率(%)18.91

淨利率(%) 15.29

資產週轉率(%) 1.24

財務槓桿(%) 128.678

註：各系統商合併報表財務比率均為各系統商自行計算，並非上市櫃公司計算後上
　　傳，故數字會有些微差異。對投資人而言，只要分析趨勢方向即可。

資料來源：CMoney 理財寶「會計師教你用財報挑好股」

股神巴菲特的選股基礎：ROE

　　要在股海中找到金雞母，看起來是極為困難的事情，而數十
年來屹立不搖的股神巴菲特，成功的要訣就是堅守原則，將最困
難的決策濃縮在最儉約的準則中。而巴菲特向來將目光放在高
ROE 的企業，而非追求成長規模，因此得以避開 2000 年初期的
網路泡沫和 2008 年的金融海嘯，股神的其中一個信條，就是盯
住 ROE，ROE 長期大於 15%，是篩選長期投資標的的基本條件。

　　同時，巴菲特除了建議長抱高ROE股票，也強調錢必須真的進入口袋，因此現金股利優於股票股利。而從每股盈餘EPS的角度切入，在相同的本益比下，EPS上升，股價愈高；然而，新制下EPS分子中的「歸屬於母公司業主之損益」項目，屬於應計制，若盈餘品質不佳，則會產生許多應收帳款，但現金卻不一定流入。在2020年的疫情衝擊，慎選高ROE的公司一樣是趨吉避凶的好原則。

　　這時，投資人的目光就要從企業獲利的數字，轉移到現金流量上，畢竟一鳥在手勝過二鳥在林，當處處充滿不確定性時，必須搭配最後一力——現金流量分析，在「現金為王」的信條下，避開看似高獲利，卻沒有現金流入的地雷。

4-5

錢真的有進入口袋嗎
——現金流量分析

會計報表的數字，透過五力分析的公式給上市、櫃公司的啟示，就是它們的經營績效應該這樣子回饋投資人，這時投資人應該要拿著放大鏡，去看企業宣稱的營運績效，究竟有沒有反映在現金流入上。

對企業而言，負債的主體，是馬上要支付的債務，還是銀行欠款的負債，其間差異非常大，也顯示企業有多少活水可以支應多少負債。從現金流量比率就可以看出來，我們拿營業活動淨現金流量 CFO 除以流動負債，來檢視一間公司的體質是否穩健，而在表 4-5-1 中，也有其他現金流量分析的重要公式。

現在 IFRSs 新制財報對投資人而言更簡單明瞭，因為企業全部的財產，都只以「流動性」為標竿，分類為流動資產、非流動資產、流動負債、非流動負債這四大類，公司必須對股東們交代，現金流量能不能來支應資本支出、追加存貨、發放股利等。

表 4-5-1 現金流量分析重要公式

比率	算式	意義	判斷標準	好的趨勢
現金流量比率	$$\frac{營業活動淨現金流量}{流動負債}$$	衡量企業因為營業活動產生的現金流量,是否足以償付流動負債	愈高愈佳,代表企業體質穩健	↗
現金流量允當比率	$$\frac{最近五年度營業活動淨現金流量}{最近五年度(資本支出+存貨增加額+現金股利)}$$	評估企業因為營業活動產生的現金流量,是否足夠支付業務成長所需要的資金,如資本支出和存貨擴充,及分配現金股利所需的資金額度	現金流量允當比率≧1,足以支應 現金流量允當比率<1,需要向外籌措資金	↗
現金再投資比率	$$\frac{營業活動淨現金流量-現金股利}{固定資產毛額+長期投資+其他資產+營運資金}$$	判斷企業為了擴充資產與營業成長需要,將營業活動產生的現金流量保留,再投資於資產的百分比	8%到10%即為滿意的水準	↗
(新制)現金再投資比率	$$\frac{營業活動淨現金流量-現金股利}{不動產、廠房及設備毛額+長期投資+其他非流動資產+營運資金}$$			

註:固定資產毛額與新制的不動產、廠房及設備毛額為「再投資的資產金額」,不含累計折舊
　　營運資金＝流動資產－流動負債

　　因此，對我們有意義的是現金流量分析，但目前公開資訊觀測站與年報中，看到現金流量分析仍然是母公司報表，而非合併報表。即使如此，讀者依舊可以「自力救濟」，活用表4-5-1的公式，自行檢視各檔股票的現金流。除了先使用券商提供的軟體外，也靜待公開資訊觀測站「採IFRSs後」的財務比率分析上線。

　　IFRSs新制財報強調以公允價值衡量公司財務，如果一間企業刻意想把損失隱藏起來，通常會在綜合損益表中動手腳，綜合損益表包含「一般損益組成部分」（下文簡稱NI），加上「其他綜合損益組成部分」（other comprehensive income）（下文簡稱OCI）。OCI包含「國外營運機構財務報表換算兌換差額」、「備供出售金融資產未實現評價利益（損失）」、「現金流量避險」、「確定福利之精算損益」、「採用權益法之關聯企業及合資其他綜合損益之份額」、「與其他綜合損益組成部分之所得稅」等項目，若公司將損失放在OCI項目，而不是放在NI項目中，就不會影響EPS，許多投資人買股票常唯EPS是問，EPS確實很重要，但不是全部，我們現在應該把焦點放在現金上。

　　舉例來說，主要客戶為台積電（2330）、友達（2409）等半導體及光電大廠的無塵室系統工程公司漢唐（2404），在2011年合併營收達新台幣146.25億元，比上一年度大增57.97%，但營收上升，毛利率卻反而下滑，另一個問題也在營業費用增加、業

外收益減少、業外支出增加。在2011年，漢唐因為放在「經常交易」的南科（2408）、茂德（5387）、宏碁（2353）公允價值大幅下跌，認列0.5億元的金融資產評價損失，最後同年度漢唐的合併總損益新台幣8.46億元，年減29.16%；稅後淨利歸屬予母公司也僅剩新台幣8.41億元，相較上一年度減少了29.37%。更別忘了第三章中曾提到，漢唐轉投資力晶1.74億元造成虧損的洞，投資損失仍然放在「備供出售金融資產未實現評價損失」中，不是放在NI項目中，以美化EPS數值。

若投資人只在乎EPS，那漢唐因為在2011年、2010年持有盈正（3628）32.73%，按權益法分別認列投資收益0.9億、2.2億元賺了不少錢，二個年度的EPS上看新台幣3.47元、4.92元，就認為這間公司一定有現金流入，將是一個錯誤預期。（漢唐2011年與2010年的合併現金流量表如表4-5-2。）

表4-5-2 漢唐2011年與2010年合併現金流量

單位：千元

現金流量表項目	2011年	2010年
合併總損益	845,966	1,194,198
CFO	(46,331)	1,647,011
CFI	(36,393)	(32,482)
CFF	(1,382,114)	48,786

資料來源：公開資訊觀測站

短線技術選股！基本面防禦四大指標

即使2012年漢唐董事會決議發放現金股利3元，等同將86.46%的盈餘分配出去，但有類似狀況的上、市櫃公司，不見得會採取這樣的現金配股策略，讀者仍應小心謹慎，在短線操作上，要注意四大基本面防禦指標。

指標1：營收成長動能

單以各月營收成長（MoM）或各季營收成長（QoQ）看營收成長動能，會忽略了季節性因素。單月營收跟去年同月營收、累計營收跟去年同期、季營收跟去年同季的年增率（YoY），才是比較理想的營收成長動能指標。

以聯發科（2454）為例，在單月營收年增率（YoY）、累計營收年增率（YoY）的動能推升下（如圖4-5-1），各季毛利率、營業利益率、淨利率也未下降，而能同步上升（如圖4-5-2），股價自然隨著營收成長動能、獲利而提升跳躍（如圖4-5-3）。

指標2：本益比

第二個指標，是鎖定合理的本益比區間，而幾年前，投資人選擇IC設計股的市場氛圍，是追求本夢比，這中間是存在陷阱的，在股市中過度追「夢」往往會淪於非理性的純做技術線型操

圖4-5-1 聯發科102年1至10月營收成長動能

單位：百萬元

年月	單月(合併)			累計(合併)			
	營收	月增率	年增率	累計營收	年增率	盈餘	每股盈餘(元)
201310	13,887.69	6.49	32.29	110,145.73	32.67	--	--
201309	13,041.51	2.30	18.48	96,258.04	32.72	--	--
201308	12,748.00	-3.56	38.31	83,216.53	35.27	--	--
201307	13,218.26	35.25	42.96	70,468.53	34.74	--	--
201306	9,772.99	-10.59	24.57	57,250.25	32.97	10,452.21	7.75
201305	10,931.10	-13.05	42.84	47,477.28	34.84	--	--
201304	12,571.86	33.32	58.28	36,546.19	32.62	--	--
201303	9,429.72	54.79	14.61	23,974.21	22.22	3,735.77	2.77
201302	6,092.04	-27.93	-2.21	14,544.61	27.73	--	--
201301	8,452.57	11.47	63.88	8,452.57	63.88	--	--

資料來源：CMoney

圖4-5-2 聯發科季營收、毛利率、營業利益率與淨利率

單位：百萬元

資料來源：CMoney理財寶「會計師教你用財報挑好股」

圖4-5-3 聯發科股價與營收成長動能關係

營收單位:百萬元

資料來源:CMoney

作。現在投資人經過幾波總體經濟的起落,應該是已變得更加理性,例如現在生技類股的本益比,大約落在14到25倍,相較2000年初期29到134倍,顯示投資人更重視基本面。

指標3:營業活動現金流量(CFO)

第三個指標,是衡量來自營業活動的現金(CFO)。被視為「四大慘業」的DRAM、面板、太陽能與LED產業,多數廠商的CFO皆為負數。其中與再生能源議題息息相關的太陽能產業,因為光電轉換效率技術仍在發展中,價格與發電效率無法與化石燃料、核能匹敵,讓國際上對於再生能源存在疑慮,這讓台灣太陽能產業首當其衝,現在因為技術進步,以及國際政策明朗化,

太陽能產業逐漸走出谷底，但距離全面復甦仍有段距離。

指標4：自由現金流量（FCF）

第四個指標，是「來自營業活動的現金」減去公司「必要的投資支出」，也就是所謂的自由現金流量，這個指標算是第三個指標的延伸，讓投資人對於公司能發配多少現金股利，心裡能更有個底。一家公司長期自由現金流量為負數，代表來自營業活動的現金都拿去作廠房機器設備投資，入不敷出，只能靠舉債、增資來支應現金缺口，絕對不是好現象。

例如太陽能電池生產廠商益通（3452），在股價高峰的2006年至2008年，稅後淨利、EPS雖然年年新高，但營業活動現金流量在這三年從未流入，自由現金流量亦連三年為負數，就是顯而易見的一大警訊（如圖4-5-4）。至2012年，稅後淨損有逐漸減少的趨勢，營業活動現金流量亦從2007年的谷底回升；而自由現金流量長期為負數，至2012年為–0.97億元，亦有逐漸減少的趨勢。2013年第2季營收增加，益通逐漸打平虧損，稅後淨損歸屬於母公司自2012年第2季的新台幣6.68億元，降至新台幣4.33億元，每股稅後淨損為0.64元。儘管如此，一家企業長期虧損，且營業活動現金流量、自由現金流量為負數或是接近0，都不建議保守的投資人放入持股名單中。

圖4-5-4 益通的稅後淨利、CFO、CFI、CFF與自由現金流量

現金流量

還在迷信稅後盈餘（EPS）創新高嗎？Show Me The Money! CFC有流入才算數。
CFC（CFO-CFI）長期為負數，只是當過路財神，不是好現象，只好瞄藥靠CFF（借錢、增資）來應付現金缺口
FCF：自由現金流量；CFO：營運現金流量；CFI：投資活動現金流量；CFF：籌資活動現金流量（單位：百萬）

稅後淨利 –1859　　CFO 1　　CFI –81　　CFF –1765　　FCF –97

資料來源：CMoney理財寶「會計師教你用財報挑好股」

長線三大價值型投資指標

　　要進行長線投資組合規畫的投資人，以下有三大價值型投資指標，可以幫助你找到適合的標的：

能長期發放現金股利

　　要查詢哪一間公司有能力連續數年都發得出現金股利，只要翻閱歷史資料，相信就能得到一長串名單，以下舉出大家耳熟能詳的範例：中興電（1513）、興農（1712）、花仙子（1730）、台積電（2330）、光寶科（2301）、廣達（2382）、德律（3030）、統一實（9907）、春源（2010）、新光鋼（2031）、

威健（3033）、美利達（9914）、百和（9938）……等，還有更多長期發放現金股利的個股等你發掘。

小心愛發放股票股利的公司

EPS計算的分母，每年都會增加，對投資人而言很直覺的現實是：每一張股票分配到的盈餘愈來愈少了。

五年股利評價法

以5年來定義長線，讀者可善用表4-5-3的5年股利評價法，去調整自己的投資組合。

表4-5-3「買進價格」決定每年的股利報酬率

比率	算式	意義	判斷標準
5年股利評價法	$\dfrac{股價}{5年平均現金股利}$	利用近5年平均現金股利，來計算合理的股價範圍	$\dfrac{低點買進股價}{5年平均現金股利}=15$ 代表15年後可以賺回股票的100% $\dfrac{高點賣出股價}{5年平均現金股利}=25$ 代表25年後可以賺回股票的100%

最後，我們來一題超簡單的計算題，這樣讀者就可以知道怎樣去找出合理股價區間。

【個案】

假設某公司從第一年到第五年,分別給予現金股利

3.6、4.6、5.7、5.8、4.4元,因此五年平均現金股利

=(3.6+4.6+5.7+5.8+4.4)÷5 = 24.1÷5 = 4.82元。

低點買進股價÷2.12 = 15→低點買進股價 = 15×4.82 = 72.3元

高點賣出股價÷2.12 = 25→高點賣出股價 = 25×4.82 = 120.5元

　　因此,當某公司的股價接近72.3元時,就是逢低買進的時刻;反之,當股價上漲到120.5元左右,就該停利,伺機脫手。覺得這個案數字很熟悉嗎?沒錯,這可不是教科書上的例題,而是大家熟悉的台塑(1301)2016至2020年的實際現金股利數字。2020年3月初,台塑股價因COVID-19疫情而跌到64.8元,隨後第2季因油價大跌導致上半年每股淨損0.6元。只要油價觸底反彈,台塑股價接近72.3元就是好買點。股市瞬息萬變,所有訊息都需要加以驗證,後續營收、EPS、法人買超能否持續推升,就是我們加以驗證的切入點。

　　過去這幾年,全球電子科技產業變化多端,對於保守的投資人而言,「五年股利評價法」更適合用於市場規模成長、市占率高、有通路或產品差異優勢的傳產股。

　　我相信,五力分析以及這些實際的建議,能讓投資人抓住股市脈動,理性務實地進行投資理財,即使在IFRSs新制度底下,也不會感到迷惘。

Chapter 5

好股、壞股5分鐘
精準揪出

　　「魔鬼藏在細節裡」（Devil in the Details）這句英文老諺語，在2008年從鴻海董事長郭台銘之口說出後（以出版品方式對大眾公開），立刻成為風靡全台的流行語，數年來熱度不減。

　　不過，這句名言的適用之處，不只是郭台銘所言的經營管理，更適用在形容財務報表上（相信當過簽證會計師的同業們，必然會為此看法，以點頭如搗蒜的方式贊同我）。因為依現行法令規定，上市櫃企業的財務報表必須充分揭露所有的經營情況，以便盡到告知投資人的義務。所以，投資人隨便拿起一本上市櫃企業的財務報表，都會發現它既像滿是字海的辭典，且用字繞口，像本看都看不懂的「天書」。即使是偏愛以財報資訊做投資決策的民眾，多數也只看財務報表最前面的四大報表，就上頭的數字去找投資的Fu（感受），卻忽略財務報表「早就告訴你」的重大情況。

　　然而，我也捫心自問，如果自己不是會計師，只是一般投資人，會不會這麼認真地看財務報表，想盡辦法要把那些字海都讀懂？答案無疑地是「不會」！所以，為讓投資人不必弄懂財務報表全文，也能做到「打擊魔鬼」之效，接下來在本章中，將直接點出魔鬼藏身處，並分析地雷股會在財報上出現哪些徵兆，讓投資人免被魔鬼欺凌。同時也將舉2個台股實例，帶著大家從IFRSs新制觀點，檢視上市櫃企業的獲利引擎與投資價值何在。

5-1

新式查核報告閱讀方式

會計師早就悄悄告訴你的事

在過去上市櫃公司的每份財務報告書，都必須有會計師簽名，才算完成簽證程序。因此，會計師的報告書總是「很被重視地」排在目錄之後，但投資人總覺得會計師是專業人士，絕不會拿自己的名譽開玩笑，所以財報上只要「有會計師的簽名」就沒問題。事實上多數的上市櫃會計師報告書有如雞肋，十年如一日的反覆相同的簽證文字，幾乎沒有投資人會多看它一眼。

只是，公司派如果有心蓄意隱藏，會計師其實也有「無法發現所有的舞弊非法行為」的執業風險。否則，台股市場中哪來那麼多的地雷股事件？就算是會計師有任何的意見，也多半是用隱晦的少許文字來表達。頂多採用保留意見、否定意見或無法表示意見給投資人警示。但通常到了會計師都公開表達「有意見」的時候，公司體質早已經病入膏肓。

　　為了改善這種狀況加上接軌國際，金管會已於105年度財務報表要求上市櫃公司、金融機構（銀行、證券商、期貨商等）需適用新式會計師查核報告，其他公司則自107年7月1日開始適用。

　　新式查核報告書與過去會計師報告書大異其趣，不僅段落型式有差，撰寫的邏輯與觀念也有很大的差異。往者已矣，來者可追，本書並非會計教學教科書，讀者不需要撰寫查核報告，讀者也不是在進行審計學的研究，因此筆者並不過度著墨於新舊兩者之間的差異，本書目的是讓投資人能認識並了解新式查核報告書的閱讀方式。

新式查核報告書的內容與配置

　　新式查核報告書大量增加會計師報告的篇幅，增加了會計師的專業聲明以及提高了查核報告的透明度。新式查核報告書的格式與段落分成：①查核意見；②查核意見之基礎；③繼續經營之重大不確定性；④關鍵查核事項；⑤其他強調事項；⑥管理階層之責任；⑦會計師之責任。（如圖5-1-1）

圖 5-1-1 新式查核報告的內容與配置

接下來依照查核報告書的順序，來一一介紹每段落的內容

新式查核報告書的意見型式

　　財務報表就好像一本故事書，它並不是一種直白的閱讀，會計是一種表達的方法或是財務數字的語言，在冰冷的數字背後需要人為的理解與正確的解讀，而會計師意見則扮演畫龍點睛的

效果。舊式查核報告中的修正式無保留意見已經刪除，新增了修正式意見（motified opinion），包含了保留意見、否定意見及無法表示意見。

過去的查核意見是在最後段，而新式查核報告書的首段就是會計師查核意見。查核意見字數通常不多，但可別小看這短短700到800字，讀者在一開始時便可知道會計師查核財務報表的結果是過關或不過關。當會計師出具無保留意見查核報告時，有兩個構成要件：①會計師認為已取得足夠及適切的證據；②證據支持財務報表未有重大不實表達，則為無保留意見。但若出現修正式意見，就是投資人必須注意的地方，修正式意見裡頭可是藏著會計師想告訴投資大眾的「密碼」（如表5-1-1）。

表5-1-1 新式查核報告導致修正式意見的性質

影響或可能影響 ＼ 性質	財務報表存有重大不實表達	無法取得足夠及適切之查核證據	風險預警度
重大但並非廣泛	保留意見	保留意見	中
重大且廣泛	否定意見	無法表示意見	高

　　會計師的查核或核閱報告，出現修正式意見的相關文字時，就表示會計師發現，企業使用不適當的會計方法或揭露方式呈現財報資訊，或是查核或核閱範圍受限制時，因而進行會計專業上的自我保護，以及對投資人進行重大的利空預警。

　　例如圖5-1-2，是誠美材（4960）在107年年報時，會計師查核為保留意見，原因在於該公司庫存其中7,675萬元無法適切評價，於108年3月31日出具保留意見，後來已依證期局要求重編完成，於108年4月29日出具無保留意見（圖5-1-3）。當時股價還有11元，到了2018年底只剩8元，就算是現在也不到7元。

　　所以投資人看到修正式意見時，即使這家企業的股價還沒有在股市中出現大幅的變化，也沒有聽聞市場有鉅額賣壓，投資人務必詳讀並留意會計師對於查核報告如何陳述。

圖 5-1-2 會計師查核報告書案例：誠美材（4960）民國107年重編前年報

會計師查核報告

(108)財審報字第18004208號

誠美材料科技股份有限公司　公鑒：

保留意見

誠美材料科技股份有限公司（原名：奇美材料科技股份有限公司）及子公司（以下簡稱「誠美集團」）民國107年12月31日之合併資產負債表，暨民國107年1月1日至12月31日之合併綜合損益表、合併權益變動表、合併現金流量表，以及合併財務報表附註（包括重大會計政策彙總），業經本會計師查核竣事。

依本會計師之意見，除保留意見之基礎段所述事項之可能影響外，上開合併財務報表在所有重大方面係依照「證券發行人財務報告編製準則」暨金融監督管理委員會認可之國際財務報導準則、國際會計準則、解釋及解釋公告編製，足以允當表達誠美集團民國107年12月31日之合併財務狀況，暨民國107年1月1日至12月31日之合併財務績效及合併現金流量。

保留意見之基礎

如合併財務報表附註六、（六）所述，誠美集團截至民國107年12月31日之存貨餘額為新台幣3,960,047仟元，其中新台幣76,750仟元因本會計師無法對該等存貨之評價取得足夠及適切之查核證據以評估是否產生減損，因此本會計師無法判斷是否須對該等存貨金額作必要之調整。

除前段所述者外，本會計師係依照「會計師查核簽證財務報表規則」及中華民國一般公認審計準則執行查核工作。本會計師於該等準則下之責任將於會計師查核合併財務報表之責任段進一步說明。本會計師所隸屬事務所受獨立性規範之人員已依中華民國會計師職業道德規範，與誠美集團保持超然獨立，並履行該規範之其他責任。本會計師相信已取得足夠及適切之查核證據，以作為表示保留意見之基礎。

圖 5-1-3　會計師查核報告書案例：誠美材（4960）民國107年重編後年報

會計師查核報告

(108)財審報字第18005578號

誠美材料科技股份有限公司　公鑒：

查核意見

誠美材料科技股份有限公司（原名：奇美材料科技股份有限公司）及子公司（以下簡稱「誠美集團」）重編後民國 107 年 12 月 31 日之合併資產負債表，暨重編後民國 107 年 1 月 1 日至 12 月 31 日之合併綜合損益表、合併權益變動表、合併現金流量表，以及合併財務報表附註（包括重大會計政策彙總），業經本會計師查核竣事。

依本會計師之意見，上開合併財務報表在所有重大方面係依照「證券發行人財務報告編製準則」暨金融監督管理委員會認可之國際財務報導準則、國際會計準則、解釋及解釋公告編製，足以允當表達誠美集團民國 107 年 12 月 31 日之合併財務狀況，暨民國 107 年 1 月 1 日至 12 月 31 日之合併財務績效及合併現金流量。

查核意見之基礎

本會計師係依照「會計師查核簽證財務報表規則」及中華民國一般公認審計準則執行查核工作。本會計師於該等準則下之責任將於會計師查核合併財務報表之責任段進一步說明。本會計師所隸屬事務所受獨立性規範之人員已依中華民國會計師職業道德規範，與誠美集團保持超然獨立，並履行該規範之其他責任。本會計師相信已取得足夠及適切之查核證據，以作為表示查核意見之基礎。

其他事項 ─更新意見

> 本會計師曾於民國 108 年 3 月 31 日對誠美集團民國 107 年度重編前之合併財務報表出具保留意見之查核報告，原因係本會計師無法對部分存貨之評價取得足夠及適切之查核證據以評估是否產生減損，致無法判斷是否須對該存貨金額作必要之調整。如合併財務報表附註十二、（六）所述，誠美集團已重行評估帳列存貨之金額，而予以重編民國 107 年度合併財務報表。因此，本會計師於本報告中對誠美集團民國 107 年度重編後之合併財務報表所表示之意見已予更新，且與重編前所表示者不同。

繼續經營之重大不確定性

　　依據新式查核報告的規定，就算出具無保留意見，會計師依然可以提出「繼續經營之重大不確定性」。這段對於投資人非常重要，事實上它已經指明了會計師對於該公司繼續經營的財務弱點。

　　例如圖5-1-4，富驛（2724）在105年度虧損已達6億餘元，負債比率高達99％，雖然可以繼續經營，但是已經搖搖欲墜。出具年報當時股價還有13.85元，到了年底只剩下6.6元；投資人再怎麼不會分析產業，看到無保留意見的繼續經營之重大不確定性的時候才跑，好歹也不會賠到後面那一大段。

表5-1-4 會計師查核報告書案例：富驛（2724）民國105年報

會計師查核報告

富驛酒店集團有限公司　公鑒：

查核意見

　　富驛酒店集團有限公司及其子公司（富驛集團）民國 105 年及 104 年 12 月 31 日之合併資產負債表，暨民國 105 年及 104 年 1 月 1 日至 12 月 31 日之合併綜合損益表、合併權益變動表、合併現金流量表，以及合併財務報表附註（包括重大會計政策彙總），業經本會計師查核竣事。

　　依本會計師之意見，上開合併財務報表在所有重大方面係依照證券發行人財務報告編製準則暨經金融監督管理委員會認可並發布生效之國際財務報導準則、國際會計準則、解釋及解釋公告編製，足以允當表達富驛集團民國 105 年及 104 年 12 月 31 日之合併財務狀況，暨民國 105 年及 104 年 1 月 1 日至 12 月 31 日之合併財務績效及合併現金流量。

查核意見之基礎

　　本會計師係依照會計師查核簽證財務報表規則及一般公認審計準則規劃並執行查核工作，本會計師於該等準則下之責任將於會計師查核合併財務報表之責任段進一步說明。本會計師所隸屬事務所受獨立性規範之人員已依會計師職業道德規範，與富驛集團保持超然獨立，並履行該規範之其他責任。本會計師相信已取得足夠及適切之查核證據，以作為表示查核意見之基礎。

繼續經營有關之重大不確定性

　　如財務報告附註一所述，富驛集團截至民國 105 年 12 月 31 日之待彌補虧損為新台幣 601,449 仟元，達實收資本額 158%，且負債比率為 99% 及流動比率為 49%，流動負債超過流動資產達新台幣 357,935 仟元。富驛集團已於附註一說明其欲採取之因應措施，惟其繼續經營之能力存在重大不確定性，本會計師未因此修正查核意見。

　　當出現繼續經營有關之重大不確定性時，接下來幾季很容易轉成保留結論之核閱報告，或是其他較為負面的狀態。例如表5-1-2，我列出9個無保留意見帶有繼續經營有關之重大不確定性的事項時，到了隔年有4個都變成保留結論之核閱報告了。

表5-1-2 會計師查核意見／核閱結論的變化

股票名稱	201704 會計師意見	201801 會計師意見	201802 會計師意見
東華 （1418）	無保留意見（繼續經營有關之重大不確定性）	無保留結論/意見（繼續經營有關之重大不確定）	無保留結論/意見（繼續經營有關之重大不確定）
富驛-KY （2724）	無保留意見（繼續經營有關之重大不確定性）	保留結論/意見	—
科風 （3043）	無保留意見（繼續經營有關之重大不確定性）	保留結論/意見	—
點晶	無保留意見（繼續經營有關之重大不確定性）	保留結論/意見	保留結論/意見
台原藥 （4415）	無保留意見（繼續經營有關之重大不確定性）	無保留結論/意見（繼續經營有關之重大不確定）	無保留結論/意見（繼續經營有關之重大不確定）
漢康 （5205）	無保留意見（繼續經營有關之重大不確定性）	無保留結論/意見（繼續經營有關之重大不確定）	保留結論/意見
清惠 （5259）	無保留意見（繼續經營有關之重大不確定性）	無保留結論/意見（繼續經營有關之重大不確定）	無保留結論/意見（繼續經營有關之重大不確定）
天翰 （6225）	無保留意見（繼續經營有關之重大不確定性）	無保留結論/意見（繼續經營有關之重大不確定）	無保留結論/意見（繼續經營有關之重大不確定）
沛亨 （6291）	無保留意見（繼續經營有關之重大不確定性）	保留結論/意見	保留結論/意見

由於會計師可告知、可撰寫的內容越來越多，新式查核報告對不熟財報的投資人真的是一大利多。就算整份報告你都看不懂，但是會計師直接把經營問題點出來，對投資人來說變得更為友善易懂。

關鍵查核事項

新式查核報告書中最大變革其實是關鍵查核事項（Key Audit Matters，簡稱 KAM）。當會計師提出繼續經營有關之重大不確定性或是修正式意見時，會計師不可能無憑無據，而整個會計查核過程中最關鍵的事項，例如庫存減損、商譽減損、收入認列及金融業的放款減損等等變動，都會在關鍵查核報告中詳列。

關鍵查核事項重點在於協助投資人閱讀財務報表的內容，會計師覺得重大而且有可能影響營運等事項，都可以提出來給投資人說明。儘管查核發現舞弊時必然有關鍵查核事項，但就算是無保留意見的關鍵查核事項，其實也是會計師與投資人之間溝通的橋樑，對於投資人閱讀財務報表有莫大的助益。

我們來看光洋科（1785）重編的 105 年度合併報表的關鍵查核事項（圖 5-1-5）。光洋科公司於 105 年 3 月 31 日在公開觀測站張貼重大訊息，其員工盜賣 450 公斤黃金、虧損達 5.1 億元，在

更換會計事務所後，又再增列應收未入帳的減損5億元。公司很快被列入全額交割股，而且若無法如期重編財報，就會被金管會勒令下櫃。不過要提出光洋科的關鍵查核報告，並不是因為還有特別的地雷，而是它重編的關鍵查核報告很完整，非常適合當作教學範例。

它的關鍵查核包含了存貨、不動產廠房、長短期借款、衍生性金融工具以及其他事項的說明；簡單來說，就是會計師幫你畫重點。每個事項撰寫的內容有兩個方向，一個是會計師為什麼列為關鍵事項，再來是會計師如何查核因應。

我們來檢視一下關鍵查核報告。在存貨的部分，關鍵查核報告提到庫存49.8億元與庫存已扣除的跌價損失，再來是採用成本與淨變現淨低法來評價庫存。然後重點是廠房土地佔總資產42％，長短期借款36.89億與97.56億元，佔總資產19％與51％。衍生性金融工具當年度獲利3.7億元對於稅前損益影響很大。

當你讀到這些數字，其實會計師已經在暗示，這家公司負債比率很高，而且非流動性資產也集中，衍生性金融商品操作對於獲利影響很大，所以不是一家所謂專注本業的公司。現在你光看了關鍵查核報告，就已經對於這家公司有了一些初步概況的了解，而且是經過數字整理的結果。

關鍵查核報告對於投資人來說，絕對是提升了閱讀財務報表的體驗。

表5-1-5 光洋科（1785）民國107年重編後年報之關鍵查核事項

關鍵查核事項

　　關鍵查核事項係指依本會計師之專業判斷，對光洋應用材料科技股份有限公司其子公司民國105年度合併財務報告之查核最為重要之事項。該等事項已於查核合併財務報告整體及形成查核意見之過程中予以因應，本會計師並不對該等事項單獨表示意見。

　　茲對光洋應用材料科技股份有限公司及其子公司民國105年度合併財務報告之關鍵查核事項敘明如下：

存貨評價

　　光洋應用材料科技股份有限公司及其子公司民國105年12月31日存貨為新台幣（以下同）4,984,673仟元（已扣除存貨跌價及呆滯損失準備2,014,824仟元）。請參閱合併財務報告附註四及六、5。

　　光洋應用材料科技股份有限公司及其子公司依據存貨之預計淨變現價值，以成本與淨變現價值孰低衡量存貨價值並提列存貨跌價損失。光洋應用材料科技股份有限公司及其子公司存貨大多屬貴金屬，存貨之價值受到市場價格波動的影響甚鉅，因此本會計師特別關注應符合以成本與淨變現價值孰低衡量，以及管理階層對其提列備抵存貨跌價損失金額之合理性，因此本會計師決定此為關鍵查核事項。

　　本會計師進行之查核程序包括：

1. 取得存貨入帳資料執行細項測試，以驗證存貨的原料成本、投入人工及製造費用已合理分攤至適當之存貨項目。

2. 比較本期提列存貨呆滯損失之會計政策是否與前期一致，並於資產負債表日測試存貨庫齡，瞭解期後沖轉狀況，以藉評估提列備抵存貨呆滯政策之適當性。

3. 對於非貴金屬存貨本會計師以抽樣方式，取得期末存貨最近期的實際銷貨價值；屬於貴金屬存貨，取得其於資產負債表日之國際貴金屬價格之依據，並據以比較淨變現價值及帳面價值，以確認備抵存貨跌價損失金額之合理性。

4. 觀察存貨盤點，發函詢證，並抽樣推算至資產負債表日，與帳列數量調節，以驗證存貨之存在性與完整性，於存貨盤點時，亦同時瞭解存貨狀況，以評估過時及損壞貨品其備抵存貨跌價損失之適當性。

表5-1-5 光洋科（1785）民國107年重編後年報之關鍵查核事項（續）

<u>銀行短期及長期借款之展延</u>

　　光洋應用材料科技股份有限公司及其子公司截至民國105年12月31日銀行借款及長期借款金額分別為3,889,103仟元及9,756,250仟元（含一年內到期之長期借款），分別佔合併資產總額之19%及51%，請參閱合併財務報告附註四及六、13及16。光洋應用材料科技股份有限公司及其子公司銀行短期及長期借款能否順利獲得金融機構同意展延，對公司經營至為重要，因此本會計師決定此為關鍵查核事項。

　　本會計師進行之查核程序包括：

1. 取得公司編製銀行借款及長期借款之明細表、借款合約檢視其交易條件，並向各銀行發函詢證，以驗證銀行借款及長期借款完整性。

2. 取得公司與全體金融機構之債權債務協商會議會議紀錄，複核會議紀錄內容以瞭解公司債債情形及各金融機構同意事項（包括銀行短期借款及長期借款各筆本金到期展延及爾後償還時程）。

3. 追查公司與全體金融機構之債權債務協商會議之決議是否經全體債權銀行團之債權總額三分之二以上之書面同意始具效力。

<u>衍生性金融工具</u>

　　光洋應用材料科技股份有限公司及其子公司為規避貴金屬原料（黃金、白銀、白金及鈀金）等價格劇烈波動之需要，因而從事貴金屬期貨契約、選擇權契約及遠期現貨契約等衍生性金融工具之操作，惟未指定為避險工具。民國105年度從事貴金屬之衍生性金融工具操作獲利371,519仟元，對稅前損益影響甚鉅。於民國105年12月31日以公允價值衡量之衍生性金融工具帳面價值為56,595仟元，請參閱合併財務報告附註四及六、2。因衍生性金融工具價格變動對公司財務報表有重大影響，因此本會計師決定此為關鍵查核事項。

不給看的地方就是問題所在

我自己擔任簽證會計師查帳時，也曾遇過在查核存貨數量時，企業故意拖延或拿出重複的存貨來充數，這時就很考驗會計師的查核技巧，但現在會計師能表達的文字與篇幅越來越多。

總而言之，在會計查核實務上，只要是公司不給會計師看的，或是故意弄得讓人看不清楚看不懂的事項，都是弊端之源。因此，當會計師在查核報告書上，寫出查核範圍受限制，否定或無法表示意見等字眼時，投資人就得挫咧等了。

觀念是活的，文字是死的，儘管新式查核報告書是數量化的揭露更多重要資訊，但務必小心公司派與會計師「喪事喜辦」的過度樂觀表達。見到新式查核報告書的豐富資訊，投資人還是要回到財務報表裏頭數字的推演與邏輯，才能充分利用這份公開資訊的價值。

新制的年度財報最可信

　　從本書的第1章開始，陸續說了IFRSs新制在資訊揭露上的諸多優點，但它也有資訊揭露上的缺點。由表5-1-3可知，新制為便於企業編製合併報表，將公告期限延後，卻也使得投資人較晚才能取得完整的財報資訊；而且，舊制在第2季結束後公布的上市櫃企業半年報和隔年年報，都是採取較嚴格的查核型式，新制只餘年報採行查核。換句話說，未來投資人想要看到會計師準確把關的財務報告，一年也只有一次。

　　查核和核閱有什麼不同，在稍早提過的歐聖案例中，就可以清楚地看到威力。

　　再以統一實（9907）2013年第2季季報中的會計師核閱報告書為例（圖5-1-6），便可發現會計師因為核閱方式可取得的資訊，遠不如查核來得精確，使其在報告中的文字變得更為含糊與保守，且強調「僅就企業提供的資訊，實施分析、比較及查詢」；接著，在說明段中詳述第2季季報中，企業旗下部分子公司資產、負債及損益在合併財務報表中的比重，以表示「這部分資料我沒看過，我無法負責」；最後，再提出「就現有資訊看來，企業沒有要另外提出修正的事情」作結。綜上所言，在會計師核閱報告趨向保守的情況下，更顯得年度查核報告的珍貴之處。

表5-1-3 IFRSs新制下的財務報告公告期限

財務報告	編製體例		會計師簽證型態		公告期限	
	舊制	新制	舊制	新制	舊制	新制
第1季	個體		核閱		4/30	
	合併	合併	核閱	核閱	5/15	5/15
第2季	個體		查核		8/31	
	合併	合併	核閱	核閱	9/13	8/14
第3季	個體		核閱		10/31	
	合併	合併	核閱	核閱	11/14	11/14
第4季	個體	個體	查核	查核	3/31	3/31
	合併	合併	查核	查核	3/31	3/31

註：本表指一般產業，金融產業的規定則不同。另，舊制的第2季結束後公布的
　　財報稱為半年報。

圖 5-1-3 會計師核閱報告書的案例：統一實（9907）（民國 102 年第 2 季）

會 計 師 核 閱 報 告

統一實業股份有限公司董事會　公鑒：

前言段　統一實業股份有限公司及其子公司民國一〇二年六月三十日與一〇一年十二月三十一日、六月三十日及一月一日之合併資產負債表，與民國一〇二年及一〇一年四月一日至六月三十日及一〇二年及一〇一年一月一日至六月三十日之合併綜合損益表暨民國一〇二年及一〇一年一月一日至六月三十日之合併權益變動表及合併現金流量表，業經本會計師核閱竣事。上開合併財務季報告之編製係管理階層之責任，本會計師之責任則為根據核閱結果出具報告。

範圍段　除第三段所述者外，本會計師係依照審計準則公報第三十六號「財務報表之核閱」規劃並執行核閱工作。由於本會計師僅實施分析、比較與查詢，並未依照一般公認審計準則查核，故無法對上開合併財務季報告整體表示查核意見。

說明段　統一實業股份有限公司列入上開合併財務季報告之部份子公司，係依該等被投資公司同期間未經會計師核閱之財務季報告為依據，民國一〇二年六月三十日與一〇一年六月三十日其資產總額分別為 13,303,820 千元及 0 千元，分別佔合併資產總額之 30% 及 0%，負債總額分別為 4,832,587 千元及 0 千元，分別佔合併負債總額之 19% 及 0%；民國一〇二年及一〇一年四月一日至六月三十日及一〇二年及一〇一年一月一日至六月三十日其綜合損益分別為 9,053 千元、0 千元、49,074 千元及 0 千元，分別佔合併綜合損益之 1%、0%、4% 及 0%。

結論段　依本會計師核閱結果，除第三段所述該等被投資公司財務季報告倘經會計師核閱，對第一段所述之合併財務季報告可能有所調整之影響外，並未發現第一段所述合併財務季報告在所有重大方面有違反證券發行人財務報告編製準則、金融監督管理委員會認可之國際財務報導準則第一號「首次採用國際財務報導準則」及國際會計準則第三十四號「期中財務報導」而須作修正之情事。

安 侯 建 業 聯 合 會 計 師 事 務 所

張 嘉 信

會 計 師：

許 振 隆

證券主管機關　(88)台財證(六)第 18311 號
核准簽證文號　金管證六字第 0960069825 號
民　國　一〇二　年　八　月　七　日

5-2
魔鬼藏在財報附註細節裡

　　「附註」在中文語彙裡是用以補充主題的不足之處，而財務報表附註，自然就是對資產負債表、綜合損益表等財報數據形成的來龍去脈，做出較詳盡的說明。附註的重要性可從其在一份財務報告書中占近90%的篇幅得知，只是過往投資人都只把前幾頁的報表看完，就自認為「看過財報了」，殊不知數字上無法仔細呈現的各種眉角，才是投資致勝與否的關鍵。

　　況且，除非有特殊情形，否則上市櫃公司財務報表中的附註項目大致相同（如圖5-2-1），這也是財務報告書在法令規範下，「高度標準化」的好處之一。因此，投資人只要耐心地學著看一次，就可以很快地透過財報附註，了解股海中被眾人追捧的個股，真正的投資價值有幾分？也能清楚明白，爆出遭檢調單位偵察的上市櫃企業，到底出了什麼問題？

圖 5-2-1 財務報告書目錄案例

統一實業股份有限公司及子公司

民國 108 年度及 107 年度合併財務報告暨會計師查核報告

目　　　錄

註：本圖以統一實（9907）民國 108 年合併財務報告目錄為例

資料來源：公開資訊觀測站

按圖索驥看出數字後的真實

　　密密麻麻的財報附註該怎麼看才對？投資人如果已經很熟悉上市櫃企業的財務報表格式，也很清楚地知道想確認的細部資訊為何（例如想知道企業轉投資的公司有哪些），可就目錄頁數直接查詢；但要是不太熟，可留意四大財務報表中，各會計項目之後的附註編號（如圖5-2-2），按圖索驥。像是想知道統一實（9907）108年總資產10%的存貨，到底是還沒有賣掉的製成品居多，還是原料多，就可以翻到「附註六（四）」裡看分明。

　　相對於單季的財務報告，年度（即第4季）財務報告中的附註，還是較完整詳細的；而且依IFRSs新制規定，只有年度財務報告需要出具合併及個體（即母公司）兩款報表。以長期借款為例，單季合併財務報告中的附註說明會揭露變動數、未來幾年的還款金額數（債務清償排程）；年度合併財務報告中的附註說明，不只會揭露這些事項，還會詳細說明各筆長期借款的金額、運用方式，讓投資人可以預先知道企業未來要支付多少大額借款，會不會產生無法支應的現金缺口；而年度母公司財務報告中，還會有長式的會計項目明細說明，比合併財務報告更為細化。

圖 5-2-2 以統一實（9907）合併資產負債表為例（民國108年）

統一實業股份有限公司及子公司
合併資產負債表
民國108年及107年12月31日

單位：新台幣仟元

	資　　產	附註	108 年 12 月 31 日 金　額	%	107 年 12 月 31 日 金　額	%
	流動資產					
1100	現金及約當現金	六(一)	$ 1,353,470	4	$ 2,265,386	6
1150	應收票據淨額	六(二)、八及十二	598,282	2	928,680	3
1170	應收帳款淨額	六(二)(三)及十二	1,753,908	5	2,143,012	6
1180	應收帳款－關係人淨額	七	1,305,051	4	1,248,553	3
1200	其他應收款		77,200	-	247,046	1
1220	本期所得稅資產	六(二十七)	44,393	-	52,465	-
130X	存貨	五(二)及六(四)	3,697,100	10	3,903,529	10
1410	預付款項	三(一)	483,981	1	376,439	1
1476	其他金融資產－流動	八	2,309	-	698,578	2
11XX	流動資產合計		9,315,694	26	11,863,688	32
	非流動資產					
1517	透過其他綜合損益按公允價值衡量 之金融資產－非流動	六(五)及七	97,359	-	122,199	-
1600	不動產、廠房及設備	六(六)(十二)及七	22,096,118	63	23,286,735	63
1755	使用權資產	三(一)、六(七)及 七	2,701,454	8	-	-
1760	投資性不動產淨額	六(九)(十二)	104,424	-	114,763	-
1780	無形資產	六(十)	344,073	1	362,330	1
1840	遞延所得稅資產	六(二十七)	558,017	2	590,016	2
1915	預付設備款	六(六)及七	78,452	-	335,343	1
1920	存出保證金	七	25,101	-	26,996	-
1985	長期預付租金	三(一)及六(十一)	-	-	494,267	1
1990	其他非流動資產－其他	三(一)	12,624	-	16,496	-
15XX	非流動資產合計		26,017,622	74	25,349,145	68
1XXX	資產總計		$ 35,333,316	100	$ 37,212,833	100

（續次頁）

資料來源：公開資訊觀測站

　　再者，除了第3章內容提到的轉投資公司（含大陸投資資訊）有哪些、備供出售金融資產細目情形及公允價值的可靠性評價、或有事項（如友達訴訟案）……等，以及應收帳款的帳齡分析表、營業外收入及支出明細、部門別資訊（多角化經營的營收來源）等資訊，都可以在附註中尋得之外，在這裡要特別提醒投資人留意的，還有重大期後事項和重大交易事項，因為企業的重要訊息，也都會記載在這裡。

揭開面紗背後的利多及利空

　　有些重大期後事項，即使事件發生日在報表編製期後，但因影響性重大，所以會調進報表中；影響性較小者，則在附註揭露即可。而有些公司派甚至會傾向「大事化小」，讓事件可符合不必揭露的規定。

　　就拿鴻夏戀來說，由於雙方對合作後的股票持份有初步決議，但在談婚論嫁過程中，夏普的股價重挫，與原決議的股價有不小的落差，導致鴻海出現金融負債中所認定的「未實現」損失。

　　可是，因為鴻海還沒有下聘（資金尚未匯到日本），讓損益處於難以確定的狀態。所以，鴻海依金管會指示，將這筆45億

5-3

地雷股徵兆大揭祕

　　一本講述財務報表與投資的書籍，特別用一段章節描述財務報表的粉飾，實在是很掃興的事情。但若沒有提醒投資人，在財務數字背後仍然會藏有許多公司舞弊的事實，又有失告知的責任與義務。

　　會粉飾財報的公司不一定會是地雷，不過地雷公司一定會用盡各種手段來粉飾財報。許多人都說財務報表只不過是一家公司的後照鏡，然後放棄財務報告書的閱讀，在我看來是為自己的偷懶或不肯學習找藉口。習慣閱讀財務報表的投資人，不一定能夠在財務數字中挖掘出非常潛力股，但至少可以「後知後覺」在財務報表公布後，連會計師、法人都見到問題時，不會還傻傻地相信公司派而繼續持有股票，最後跟自己的鈔票過不去。

大型地雷 1：2001 年美國安隆案

　　2001 年 12 月 2 日，全美第七大、跨國辦公室超過 40 個國家、總共雇用了超過 2 萬名的員工、從 1996 年至 001 年連續 6 年列名《財星》（Fortune）雜誌「全美最創新企業」的安隆企業（Enron），宣布破產。安隆留下了 318 億美元的債務，股價從 2000 年 8 月 17 日最高點每股 90 美元，跌到剩下 0.4 元（如圖 5-3-1），最後走上破產一途。

圖 5-3-1 安隆企業 1997 至 2001 年股價走勢圖

資料來源：Bloomberg

圖5-3-2 奧林巴斯五年以來股價走勢

Olympus Corp (TYO:7733)

3,130.00
Oct 22 - Close
Currency in JPY

資料來源：Google Finance

損，已經於近年透過新的假虧損來填補，所以對投資人而言，面對的是市場質疑經營團隊的誠信，以及是否還有其他隱藏虧損等不確定性因素的憂慮。

爾後，因為沒有新的隱藏虧損，且奧林巴斯已經把過去虧損提列完畢，對公司沒有產生立即致命的影響。僥倖的是，股價於2012年就回升至1,500日圓，2012年9月28日，新力（Sony）宣布對奧林巴斯投資500億日圓，成為最大股東，至今已回升到3,000日圓以上。

財報數字背後仍大有文章

在台灣，也曾經有不少地雷股，如知名的博達（2398）、訊碟（2491）、皇統（2490）、雅新（2418），這幾個被管理階層掏空的大地雷，都曾經重創那些毫不知情的台股投資人。這些地雷公司都曾經是市場熱門的投資標的，在營運走強過程中，受到媒體與閃光燈密切的關注，股價表現也都曾是一時之秀，在行情熱絡的時候，股價甚至高達三位數。這些公司的經營者都被視為是明日之星，個個看起來道貌岸然，儼然都是商場成功人士。

但我們若仔細檢視這些地雷公司的案例，則會發現這些案例出事前，在財報上經常有跡可循。共同特徵都是在虛增的營收數字當中，出現應收帳款與存貨異常暴增，自由現金流量長期負數，而且帳上有過多的轉投資，還涉及購買鉅額的衍生性金融商品；或是突然更換簽證會計師與高階主管異動，管理階層過於重視公司股價，大股東接連申報轉讓，或是大股東質押比過高等等異常的警訊。

四個方向，認識財務操作的手法

財務操作其實原本不是罪惡，因為會計是一種財務表達的語言，只要符合會計準則，公司管理階層的確有空間可以依照公司

的產業差異，自行決定部分會計項目呈現的方式。只是這樣的一種可變通性，卻會被有心人士利用，讓人覺得那些管理階層就好像是風流的壞男人一樣：「在追求之時甜言蜜語，到手之後愛理不理。」

為什麼管理階層總是忍不住會去越過那條界線呢？原因無他，因為操弄財務數字其實簡單，又不容易被發現。一家公司實際的經營狀況，外部股東其實是不易掌握的，就算是稽查的查核人員，也不見得對於公司營運細節能夠那麼了解，而且許多營運手法本來就是業界潛規則，並不是會計師所能夠任意扭轉。這樣資訊的不對稱性，使得管理階層受到致命吸引力的影響而做出越軌的行為。

而財務操作的手法簡單來說有幾個基本核心，就是透過增列營收與降低費用以增加盈餘，調整帳務被認列的期間，或是調整本業與業外會計項目混淆財務比率。本節就常見的財務操作手法簡單介紹如下：

一、調整會計項目

IFRSs準則導入之後，為了適時反映企業價值，企業資產負債表變動性加大，影響損益表的項目也愈來愈多。因此許多一次性利益被認列在本業收入當中，而有些經常性費用被視為業外支

出，或是費用資本化，這時候投資人就會有誤以為公司財務比率轉強，但這其實只是財務手法的調整。

二、延長設備耐用年限

以製造業來說，廠房與設備這種固定資產，需要每期提列折舊費用，會降低淨利，如果延長設備耐用年限，就可以更進一步降低每期折舊費用，讓投資人誤以為企業獲利上升使得盈餘增加，毛利率上升。但如果設備在耐用期間內提早損壞，企業還是需要添購新設備才能從事生產，其實只是把費用延後發生而已。

就好比一個人原本償還10年期的房貸，後來去向銀行展延期限，改成30年期，每個月繳2萬元的房貸，展延之後只要償還8千元，然後這個人對外宣稱自己的收入增加，其實根本就是自欺欺人的花招。

三、透過轉投資項目，資金挪移海外

對於企業經營者而言，透過轉投資錢進海外，有很大的誘因與利益，這些跨國的轉投資項目，查核人員根本無法確實查核。一張張製作精美、在國外透過金融單位背書的採用權益法之投資，如果最後無法對企業貢獻現金流，甚至還認列轉投資虧損，不是管理階層有鬼，就是經營能力太差。

合併報表中轉投資項目過多會損害財務報表透明度，許多公司以49%轉投資設立海外公司，有時候就是有心人為了規避編列合併報表；而採用權益法之投資（持股20至50%），因為不需要編列合併報表，我們就無法知道其關聯企業的負債狀況，增加分析公司財務的困難與風險。

四、調整現金流量表

不只是損益表可以美化，現金流量表中的營業活動金流量（CFO）也可以進行這種財務創新。例如壓榨供應商，年底的應付款項隔幾天支付，在財報日就看不到這筆現金流出；或是有些公司會出售應收帳款，以產生現金流入；或是安排在CFO大量流入時期，私下找融資公司償還應付帳款，以CFF現金流入來支付CFO流出。等到未來償還這筆負債時，就可以做為CFF現金流出（避開CFO現金流出），透過這個完美安排，就可以操縱現金流量的時間點與性質。如此一來，重視現金流量表的投資人，根本就看不到CFO現金流負數。

合併報表不透明，現金股利才是王道

由於IFRSs強制編制合併報表之後，會有兩個項目可能存有

資產負債表的不良包袱，採用權益法之投資與非控制權益項目占總資產比例過高，分別存在財務報表不透明、屬於外部股東比例過大的缺點，也提高了投資人的風險。

因此，這裡計算了台灣50與中100成分股當中的採用權益法之投資與非控制權益比率（表5-3-1），得到台灣50的平均採用權益法之投資為4.55%，非控制權益2.35%，中100的平均採用權益法之投資為4.72%，非控制權益2.52%。因此如果你挑選的公司合併報表中的採用權益法之投資與非控制權益，分別占總資產超出5%以上很多，就要十分小心這樣的公司。如果不懂、不會研究，至少不要隨便投資，就能降低買到地雷股的風險。

表5-3-1　台灣50與中100採用權益法之投資與非控制權益占總資產比重

%	採用權益法之投資	非控制權益
台灣50	4.55	2.35
中100	4.72	2.52

資料來源：公開資訊觀測站，102年第2季合併財務報表（羅澤鈺整理）

查核人員要負擔查核的責任，因此要面對公司財務數字不實表達或挪用資產的可能舞弊，但查核人員不一定能辨認出公司的所有風險。

基本面為底的摸牌選股法

　　就像我的學經歷皆圍繞於會計相關領域，所以從基本面與財務報表切入投資，是我的優勢一樣，一般投資人在做投資時，如果從自己的優勢或專長開始，就能最快進入。你若是理工學生，或是工程背景的職場人士，研究產業競爭與生產技術，就很容易觸類旁通。如果你是個社會文學相關科系的公務員，根本沒聽過商管與經濟專業術語，就從ETF（指數股票型基金）開始選股，是投資風險較低的選擇。等到時間久了，當你對投資愈來愈有興趣，自然會在基本面與總體面有更多的著墨。

　　在基本面的分析上，最容易聽到的批評與指教就是：「財務數字是落後的後照鏡，等到財務報表公布，市場價格早就跑掉了。」這其實是一種對於基本面分析的誤解。

　　有很多時候，財務報表除了數字以外，根據財報數字逐季的變化，你可以觀察到公司的某些趨勢，並且仔細研究財務報表內的會計項目附註，有時候我們可以提前猜到「市場將來要反映什麼利多」，至少可以比媒體早一點知道，因此，我喜歡把它叫做「摸牌」。

資是一種股權單位轉換的概念，對於原股東來說股本減半，股價上升。以神達電腦的案例來說，減資一半成為神達控股，其淨值上升一倍至38.94元，股本由152.98億元下降至76.49億元。（圖5-4-1）

圖 5-4-1 神達電腦減資後之股權變動

	神達電腦 1股	神達控股 換 0.5股
實收資本額	152.98億元	76.49億元
股東權益	297.86億元	297.86億元
每股淨值	19.47元	38.94元
未來賺一個股本76億	EPS $5元	EPS $10元

資料來源：公開資訊觀測站，神達控股102年公開說明書（以101年12月31日計算）

減資對於原股東來說並沒有差異，對企業的營運來說也沒有任何影響，唯一改變的是新參與的股東對於這家公司的評價方式。

當一家公司透過減資降低股本之後，會改變市場對於其每股報酬的預期。因為公司股本減半之後，相同的獲利數字卻可以帶來高一倍的EPS。神達就是這樣的標準範例，由於股本下降成76.49億元，當年度如果淨利為76億元（這時候我們稱作賺了一

穩健的選股入門法則

一開始要自行選股的入門投資人，我會建議他們先開始從「台灣50」與「中100」入手。因為這些中大型公司在市場的時間較久，也有法人盯著、互比績效，因此比較不會有那些小型股的風險。

對財報一無所知的人，應該在大盤行情不好且市場成交量低迷的時候，買進台灣50或是其他跟加權指數接近的ETF。如果你已經入門本書，對於財務數字有了基本概念，懂得本書所講述的分析案例，這時你應該在台灣50與中100裡開始篩選股票，因為這150家當中，總是有些產業或公司出現營運轉強，或是獲利增加的趨勢，可以成為你介入的標的。或是有些公司營運陷入遲滯，但不是衰退，而且財務表現仍然穩當，我們就可以等待這樣的公司轉強，或是依照自己的研判，在低檔時分批持有股票。

在這150家當中選股，我個人的分析觀察重點在於把「EPS成長」當作動能，「自由現金流量長期為正」當作防禦。公司每年都要能夠發放現金股利，因為現金股利是公司對股東的最大誠意，然後ROE要在15%以上，董監事持股高，技術面周線與月線均線糾結，這時候可以開始布局。如果股本在20億元附近的，我會觀察投信是否有買，股本大的就要注意外資動向，只要EPS

有成長的跡象，法人一介入的時候，通常都能夠期待一個波段。

這樣的選股邏輯，並不是天天都可以投資，但至少你可以在市場發動之前先提前準備，等待機會進場，總是比整天看媒體消息追著股價跑，風險要來得低。

表5-4-1 台灣50與中100成分股選股條件

| 1. 現金股利率高、配息穩定 |
| 2. ROE穩定在15%以上 |
| 3. 長期自由現金流量為正數 |
| 4. 董監事持股比率高 |
| 5. 周月線均線糾結 |
| 6. 觀察投信與外資動向 |

由於本書是討論財務規則變動對於財務報表的影響，並且透過這些公開資訊尋找投資標的。接下來要介紹一些透過財務報表與附註訊息，我們可以找到的投資機會與方法。

加倍奉還的神奇達人

2013年9月12日，原神達電腦（2315）以2股神達電腦換1股神達投控股票減資下市，後以神達控股（3706）掛牌上市。減

個股本），原神達電腦時的EPS為5元，而神達控股的EPS就變成了10元。對於原股東來說，神達控股在數字上EPS增加了一倍，不過原股東是用少了一半的股票做為抵減，然而，對於新股東來說，在投資報酬上與原股東大不相同。

光是這樣，神達這家公司仍無法讓投資人產生興趣，不過若注意這家公司的轉投資，我們看到神達電腦的102年第2季合併損益表，本業虧損4億元，有關權益法的業外收入4.15億元，半年每股盈餘為0.03，全部是靠業外賺回來的（圖5-4-2）。

圖5-4-2 神達電腦102年第2季綜合損益表

單位：新台幣千元

資料來源：公開資訊觀測站

這時候讀者會跳進結論，認為這是一家「不務正業」的公司，認為這家公司財報透明度不高，然後就把財務報表晾到一邊，這其實是不求甚解。

　　接著我們必須去研究它的轉投資內容，根據102年第2季財務報告書裡面的權益法的轉投資內容，金額最大的是新聚思（Synnex Corp.）共64億元，其次是神基科技41億元，第三是富驊企業2.8億元。再來往下閱讀（圖5-4-3），我們看到神達控股持有15.73%的新聚思，而光前2季就貢獻了3.08億元（19.56億元×15.73%）的業外收入，占了四分之三強的業外收入，貢獻EPS 0.4元。然後我們把其他兩家的獲利算一算，神基貢獻0.46億元，富驊僅貢獻0.04億元。賓果！這時候我們就抓到神達控股的獲利引擎了，原來主要是一家在美國納斯達克上市掛牌的海外公司。

圖5-4-3 神達集團主要關聯企業之財務資訊

單位：新台幣千元

2.本集團主要關聯企業之彙總性財務資訊如下：

	資產	負債	收入	損益	持股比例
102年6月30日					
神基科技(股)公司	$ 22,370,849	$ 9,388,219	$ 7,384,989	$ 142,253	32.71%
富驊企業（股）公司	1,821,797	392,056	774,866	16,301	25.24%
Synnex Corp.	86,375,556	45,625,080	149,881,192	1,956,062	15.73%
其他	4,717,523	1,473,702	833,240	138,436	
	$115,285,725	$56,879,057	$158,874,287	$ 2,253,052	

資料來源：公開資訊觀測站，102年第2季合併財務報表

　　既然是美國上市公司，我們就可以去國外網站來研究一下這家公司的內容與財務資訊（圖5-4-4）。我們見到，新聚思股價

上漲到每股60美元之上，市值約22億美元，其換算可處分之股權市值達新台幣107億元，亦即對神基控股來說，新聚思獲利靠權益法認列，可以增加公司業外獲利，如果嫌不夠還可以賣股獲得一些資本利得的利潤，是這家公司獲利增強的兩支箭。

圖5-4-4　新聚思股價與獲利資訊

資料來源：SYNNEX網站

你可能會擔心，美國上市公司的財報資訊會不會不好蒐集？其實，其「時間差」反而對台灣人有利。首先我們看到新聚思美國的財報，2011年獲利1.5億美元，2012年獲利1.51億美元，表現穩健，若推算回神達控股，每年可得到EPS 1元的業外淨利。

而美國新聚思會計季年度與台灣不同，新聚思的第3季是6到8月，也就是說新聚思第3季季報公布10月8日時，你已經先知道新聚思獲利4.6千萬美元，第3季可以回饋給神達控股新台幣2.2億元，約占EPS 0.3元（圖5-4-5）。這時候你可以掐指一算，前半年賺EPS 0.4元，第3季賺EPS 0.3元，第4季如果跟往年差不多，未來每年貢獻個EPS 1元沒有問題。

圖 5-4-5 新聚思為神達控股之貢獻額

註：神達控股102年第3季季報期間，將為9月12日（設立日）至9月30日。本圖係以102年資料，讓讀者了解，未來如何估算新聚思對神達控股之貢獻額。

資料來源：SYNNEX網站

這時候你就需要緊盯新聚思在美國的價格，只要股價持續上揚，有可能是預期今年獲利較去年轉強，縱使獲利持平。股價上漲愈多，對於神基控股還有貢獻轉投資處分的可能性。萬一第4

季本業業績上升，沒有虧損或是虧損減少，海外的獲利貢獻持平，這時候股價表現就會很熱鬧了。

　　只是你必須了解，這不是天長地久的長期投資，而是依靠基本面分析，領先市場預期到可能發生的利多，而進行投機交易，然後你見到法人進場拉抬股價的時候，就不會感到意外，而且還搶先了一步。當然，最好的投機就是見到這些利多在媒體上實現的時候，就加減下車吧！

非典型中國概念成長股

　　潤泰新（9945）是0050成分股之一，股本117.94億元。由於它是中國大潤發的母公司，所以市場上一般認為他是中國通路概念股。這家公司自2005年以來，每年發放平均1.38元的現金股利，平均股利發放率為96.9%（圖5-4-6），是個對外部股東算

圖 5-4-6 潤泰新2005年以來獲利與配股資料

股利政策								
年月	2005	2006	2007	2008	2009	2010	2011	2012
EPS	0.39	2.1	1.54	0.85	0.68	1.39	3.44	3.46
現金股利	0.8	1.9	1.3	0.4	0.95	1	1.8	2.91
股票股利								0
合　計	0.8	1.9	1.3	0.4	0.95	1	1.8	2.91
股利發放率	205.13%	90.48%	84.42%	47.06%	139.71%	71.94%	52.33%	84.10%
扣抵稅額比率				12.38%	12.15%	4.77%	1.29%	1.16

資料來源：CMoney理財寶「會計師教你用財報挑好股」

得上有誠意的公司。

分析一家公司時，我都會先思考這家公司的獲利來源。我們先看102年第2季綜合損益表，潤泰新第2季單季來自權益法利益高達14.78億元（圖5-4-7），幾乎所有淨利都來自於權益法利益，採用權益法之投資、非控制權益占總資產比率分別為29%、5%（表5-4-2），而且近幾季自由現金流量為負數，這時多數人會憂慮這是一家透明度不高的公司。且慢，透明度與投資風險是要先全面研究過後才可以下定論的。

圖 5-4-7 潤泰新102年第2季綜合損益表

單位：新台幣千元

項目	附註	102 年 4 月 1 日 至 6 月 30 日 金 額	%	101 年 4 月 1 日 至 6 月 30 日 金 額	%	102 年 1 月 1 日 至 6 月 30 日 金 額	%	101 年 1 月 1 日 至 6 月 30 日 金 額	%
4000 營業收入	六(二十七)及七	$ 3,669,592	100	$ 2,892,408	100	$ 7,209,053	100	$ 6,123,340	100
5000 營業成本	六(四)(二十二)(二十八)(三十二)(三十三)及七	(3,106,959)	(85)	(2,385,091)	(82)	(6,048,898)	(84)	(5,098,478)	(83)
5900 營業毛利		562,633	15	507,317	18	1,160,155	16	1,024,862	17
營業費用	六(二十二)(三十二)(三十三)及七								
6100 推銷費用		(247,797)	(7)	(299,265)	(10)	(471,122)	(7)	(549,082)	(9)
6200 管理費用		(156,691)	(4)	(184,924)	(6)	(363,185)	(5)	(375,044)	(6)
6300 研究發展費用		(13,582)	-	(11,791)	(1)	(26,348)	-	(21,569)	(1)
6000 營業費用合計		(418,070)	(11)	(495,980)	(17)	(860,655)	(12)	(945,695)	(16)
6900 營業利益		144,563	4	11,337	1	299,500	4	79,167	1
營業外收入及支出									
7010 其他收入	六(二十九)	51,537	2	45,764	2	67,818	1	74,168	1
7020 其他利益及損失	六(二)(十四)(三十)	(5,030)	-	804	-	(11,443)	-	5,954	-
7050 財務成本	六(三十一)	(97,190)	(3)	(51,131)	(2)	(192,834)	(3)	(102,089)	(1)
7060 採用權益法之關聯企業及合資損益之份額	六(十)	1,477,592	40	959,713	33	2,410,053	34	1,455,251	24
7000 營業外收入及支出合計		1,426,909	39	955,150	33	2,273,594	32	1,433,284	24
7900 稅前淨利		1,571,472	43	966,487	34	2,573,094	36	1,512,451	25

資料來源：公開資訊觀測站

表5-4-2 案例企業的採用權益法之投資、非控制權益情況

單位：新台幣千元

民國102年6月30日潤泰新（9945）財報資訊				
財報資訊	採用權益法之投資		非控制權益	
	金額	%	金額	%
合併資產負債表	15,011,845	29	2,585,588	5

　　這時候趕快看一下財務附註中的權益法上半年獲利來源24.1億元，到底有哪些內容（圖5-4-8）。我們見到潤泰新轉投資收益來源來自於潤泰全球（2915，以下簡稱潤泰全）2.16億元、潤成控股16.69億元、Concord＋Sinopac（中國大潤發）5.4億元。

圖5-4-8 潤泰新102年第2季採用權益法之關聯企業及合資損益之份額

單位：新台幣千元

	102年1至6月	101年1至6月
興業	($　　12,246)	($　　3,374)
潤泰全球	216,051	134,143
景鴻	(　　63)	(　　161)
日友環保	35,899	13,261
潤成投控	1,668,978	886,824
全球一動	(　　38,998)	(　　29,867)
Concord	416,361	349,572
Sinopac	124,071	104,853
	$　2,410,053	$　1,455,251

資料來源：公開資訊觀測站

　　這家建設與通路公司，居然主要獲利來源來自於潤成控股，
而潤成控股是南山人壽的主要股東。若以獲利來源來看，這家公
司根本就是一家壽險公司，副業才是建設與通路。再來我們想要
確認的就是，潤泰新獲利的三支箭，到底我們能不能掌握其財務
數字？首先是先確認持股比例（圖5-4-9），根據第2季財務報告

圖 5-4-9　潤泰新102年第2季採用權益法之投資

單位：新台幣千元

（十）採用權益法之投資

　　1.採權益法之投資明細如下：

關聯企業名稱	持股比	102年6月30日帳面金額
興業建設股份有限公司（興業）	45.45%	$ 478,135
潤泰全球股份有限公司（潤泰全球）	11.34%	1,524,800
景鴻投資股份有限公司（景鴻）	30.00%	931,849
日友環保科技股份有限公司（日友環保）	30.35%	403,526
潤成投資控股股份有限公司（潤成投控）	25.00%	4,788,027
全球一動股份有限公司（全球一動）	9.57%	127,826
Concord Greater China Ltd.(Concord)	25.46%	4,679,753
Sinopac Global Investment Ltd.(Sinopac)	49.06%	2,077,929
		$15,011,845

資料來源：公開資訊觀測站

書,潤泰新對潤泰全、潤成控股、Concord、Sinopac持股比例分別為11.34%、25%、25.46%與49.06%,這時候我們只要能掌握這四家的稅後淨利,就可以推估潤泰新的獲利概況。

因此我們把這幾家公司與潤泰新關係表整理成關係圖(圖5-4-10)。南山人壽第2季獲利72.56億元,潤成控股持有97.5%,可以認列70.75億元的獲利,再扣掉潤成控股自己的費

圖5-4-10 南山人壽對潤泰新獲利之影響分析

單位:新台幣

資料整理:羅澤鈺

用、利息支出，所以要回饋給三個大股東總額66.76億元的利益。其中潤泰新占有25%持股，認列16.69億元，再從潤泰全交叉持股回饋給潤泰新。這裡要來一點數學遊戲（已省略了扣除潤成控股的費用、交叉持股等嚴謹的會計推算），就潤泰新的部分，南山人壽每賺1元，就要認列0.24元（25%×97.5%=24%）的利益。由於潤泰全的獲利也主要來自潤成控股，假設潤泰全本業沒有太多變化的話，而我們可以再推估，透過潤泰全可以回來的利益是0.025元（23%×97.5%×11.34%）的利益。所以，南山人壽每賺得1元，潤泰新估計可以認列0.265元的利益。加上南山人壽由於是壽險公司，你可以在公司財務資訊當中得到南山人壽每季的獲利概況，媒體更是每月會公布南山人壽的自結報表。

接下來就是中國大潤發的影響，由於潤泰新是透過Concord、Sinopac二家公司持有在香港註冊的高鑫零售（SUN ART Retail Group Limited），再由高鑫零售持有中國大潤發、歐尚。我們主要是注意中國消費市場的相關數字，概略知道消費者信心指數的趨勢，來判別對於獲利是有利還是不利的方向；也可以利用高鑫零售財務報表當中的「淨利歸屬於母公司」乘上7.2%（依持股比例推估的經驗值），來估算潤泰新可以認列的轉投資收益。以102年上半年為例，即可以用高鑫零售財報中的「淨利歸屬於母公司」15.76億RMB來作計算，估算出潤泰

新可以認列Concord、Sinopac二家公司的轉投資收益5.45億元
（15.76億RMB×7.2%×4.8＝5.45億元），與圖5-3-8中實際認列
合計數5.4億元相差不多。

　　最後就是在IFRSs制度之下，營建業獲利採完工交屋時認列
收益，所以再檢查潤泰新是否本業有未來完工的建案效益。我們
透過潤泰新102年增資公開說明書得知（圖5-4-11），其累計工
程進度中完成度最高的是「松濤苑」，只要這個建案完工交屋，
本業又可以認列一筆利益，雖然不知道確定時間點，也不知道確

圖5-4-11 潤泰新102年增資公開說明書

未來建案效益

建案之預計效益

單位：新台幣千元

工案名稱	開工日期	完工日期	累計工程進度	估計工程總成本	預計可售總額	預計毛利	估計毛利率	銷售率（註1）
「萬花園」案	101.06	103.12.	21%	1,960,546	3,456,651	1,496,105	43%	100%
「松濤苑」案	100.11	102.07	65%	3,713,030	10,774,480	7,061,450	66%	0%
「內湖」案	100.09	103.03	34%	3,914,574	5,356,518	1,441,944	27%	0%
合計				9,588,150	19,587,649	9,999,499	51%	

註1：銷售率計算截至102年4月底。

註2：內湖案之可售總額與個案毛利，待與捷運局權益分配中，尚未定案。

資料來源：公開資訊觀測站

實獲利金額，但也可以用預估毛利總額70.6億元來推估，假設淨利只有8成而銷售只有6成，可貢獻33.9億元，該項建案的完工利益有EPS 3元可以認列，到時候一定也是媒體寵愛的標的。

因此，投資人只要南山人壽獲利加溫，加上中國消費者信心指數沒有大幅下跌，最後再注意「松濤苑」案利益何時認列，就可以概括得知潤泰新的獲利方向。在這些消息都還沒上報之前，你若分批買進，持續關注這些消息，等到法人進場拉抬，你就可以等著那些利多實現之後，再把持股賣出，賺取波段投機利潤。

這時候我都會想起，知名財經作家兼投資家，獵豹財務長郭恭克先生說過的：「我賣出持股若有賺錢，我們對金融市場充滿感恩，也祝福那些買股票的人也可以獲利賺錢。」

沒有完美的投資策略，只有適合自己的

以前古人說：「書中自有黃金屋。」現在這個時代是：「財務報表中自有黃金股。」先前介紹的選股與財務分析，重點在於仔細尋找公司獲利的來源，不管來自母公司還是子公司，不管是本業還是業外，只要能夠掌握夠多的訊息，從質從量方面都可以計算公司獲利的可能性，這樣對我來說就是進一步提高了投資上的透明度。也因為這種方式，大多數的散戶、菜籃族甚或是初入門

的法人，都不見得會這樣推敲與思考，所以每當我找到這樣可以「摸牌」的投資機會，都會試著透過自己的分析與推估進場交易。

金融市場有句古諺：「玩你看得懂的行情。」每個人有自己的優勢與想法，因此不同投資人有不同的投資屬性，這就是金融市場的多樣性，也為金融市場帶來流動性。你根本不必拘泥於找到最完美的投資策略，而是要找到適合自己的投資策略。

我遇過很多法人離開職場以後，還是迷戀於買在最低、賣在最高，對於財務數字的預測也要求到百分之百的精確，所有的產業消息都想要找內部人士來掌握，這其實是一種職業病，但他們卻沒有自覺。其實他們離開了那個圈子，沒有來自公司派的產業消息，沒有來自於自己公司研究團隊的奧援，他們獨自一人想要單打獨鬥，是折了翼的孤鷹，是斷了牙的猛虎。若不能學會利用已公開的資訊交易，進行獨立深入的分析與思考，他們離開職場後，想要成為專業投資人，因為帶著錯誤的習慣，反而需要先繞一大段路的時間來學習與調適。

投資的邏輯與分析的確要非常嚴謹，而且在進場建立部位之前，就需要先大量花時間努力做功課，但不是要求到每一件事都完美無瑕。不論哪一種分析方式，都有其不確定性，不可能百分之百準確預測。你能掌握愈多的資訊，經過推演，你通常就敢在愈低點的時候買進，有些一般人認為不透明的公司，也可以在你

推敲追蹤之後提升透明度，因此你比別人更願意持有。

　　縱使努力可以增加勝算，投資之時對於金融市場還是要保持謙遜的態度，控管資金部位，執行停損紀律。金融市場沒有不可能的事情，你看得懂的東西，也可能是別人刻意做給你看的。

　　回到原點，我們更在意的是公司經營者的誠信，我由衷希望他們能更專注本業，而不是經常上報紙上媒體經常發言占據版面，或是玩弄財務數字膨脹獲利，這樣才是對投資人與股東最大的利益。

新商業周刊叢書 BW0526Y

圖解新制財報選好股《2020增訂版》
（附：《會計師選股7大指標及41檔口袋名單》別冊）

作　　　　者／	羅澤鈺
文 字 整 理／	游子瑩、黃紹博
企 劃 選 書／	陳美靜
責 任 編 輯／	李皓歆
版　　　　權／	黃淑敏、吳亭儀
行 銷 業 務／	周佑潔、王瑜

總 　編 　輯／	陳美靜
總 　經 　理／	彭之琬
事業群總經理／	黃淑貞
發 　行 　人／	何飛鵬
法 律 顧 問／	台英國際商務法律事務所　羅明通律師
出 　　　版／	商周出版

臺北市104民生東路二段141號9樓
電話：(02)2500-7008　傳真：(02)2500-7759
E-mail：bwp.service @ cite.com.tw

發　　　　行／英屬蓋曼群島商家庭傳媒股份有限公司　城邦分公司
臺北市104民生東路二段141號2樓
讀者服務專線：0800-020-299　24小時傳真服務：(02)2517-0999
讀者服務信箱E-mail：cs@cite.com.tw
劃撥帳號：19833503　戶名：英屬蓋曼群島商家庭傳媒股份有限公司城邦分公司

訂 購 服 務／書虫股份有限公司客服專線：(02)2500-7718；2500-7719
服務時間：週一至週五上午09:30-12:00；下午13:30-17:00
24小時傳真專線：(02)2500-1990；2500-1991
劃撥帳號：19863813　戶名：書虫股份有限公司
E-mail：service@readingclub.com.tw

香 港 發 行 所／城邦（香港）出版集團有限公司
香港灣仔駱克道193號東超商業中心1樓
E-mail:hkcite@biznetvigator.com
電話：(852) 2508-6231　傳真：(852) 2578-9337

馬 新 發 行 所／城邦（馬新）出版集團
Cite (M) Sdn. Bhd. (45837ZU)
41, Jalan Radin Anum, Bandar Baru Sri Petaling, 57000 Kuala Lumpur, Malaysia.
電話：(603) 9057-8822　傳真：(603) 9057-6622　E-mail：cite@cite.com.my

內 文 排 版／	李秀菊、簡至成
封 面 設 計／	FE Design 葉馥儀
印 　　　刷／	鴻霖印刷傳媒股份有限公司
總 　經 　銷／	聯合發行股份有限公司　電話：(02) 2917-8022　傳真：(02) 2911-0053
	地址：新北市231新店區寶橋路235巷6弄6號2樓

行政院新聞局北市業字第913號

■2013年11月28日初版1刷
　2015年08月04日修訂初版1刷
　2023年2月24日修訂二版2.3刷

Printed in Taiwan

國家圖書館出版品預行編目（CIP）資料

圖解新制財報選好股／羅澤鈺著. -- 修訂二
版. -- 臺北市：商周出版：家庭傳媒城邦分
公司發行, 2020.08
　面；　公分
ISBN 978-986-477-889-8(平裝)

1.財務報表 2.股票投資

495.47　　　　　　　　　109010786

財報「全方位儀表板」

財報「全方位儀表板」

現金流量表

稅後淨利
CFO

CFI
CFF
△現金
1/1　現金
12/31　現金

稅後淨利EPS
每股CFO
每股CFI
每股CFF

12/31　每股現金

D：每股股利

綜合損益表

營業收入
營業成本
營業毛利
營業費用
營業利益
稅前淨利
稅後淨利

1/1 保留盈餘＋淨利－股利＝12/31 保留盈餘

每股營收S

每股淨利EPS

1/1 每股保留盈餘＋EPS－D＝12/31 每股保留盈餘

資產負債表

負債

股本
保留盈餘

股東權益

資產

每股負債

面額10元
每股保留盈餘

每股淨值B

每股資產

市值

除以股數

每股市價
P

羅澤鈺會計師 製表

財報「全方位儀表板」- 上半部

羅澤鈺會計師 製表

上半部重點：金額

盈餘品質　CFO／稅後淨利

現金流量表
稅後淨利
CFO
CFI
CFF
△現金
1/1　現金
12/31　現金

自由現金流量　FCF=CFO+CFI

毛利率
營業利益率
稅前淨利率
稅後淨利率

綜合損益表
營業收入
營業成本
營業毛利
營業費用
營業利益
稅前淨利
稅後淨利

1/1 保留盈餘＋淨利-股利=12/31 保留盈餘

負債比率

資產負債表
負債
股本
保留盈餘
股東權益
資產

市值

財報「全方位儀表板」- 上半部

大立光103合併年報實例

羅澤鈺會計師 製表

分析的起點：股本13億元

盈餘品質	$\dfrac{CFO}{稅後淨利} = 1.02$

現金流量表

稅後淨利	194億
CFO	197億
CFI	(54億)
CFF	(37億)
△現金	106億
1/1 現金	135億
12/31 現金	241億

綜合損益表

營業收入	458億	100%
營業成本	213億	
營業毛利	245億	54%
營業費用	34億	
營業利益	211億	46%
稅前淨利	230億	50%
稅後淨利	194億	42%

資產負債表

		24%
負債	149億	
股本	13億	
保留盈餘	429億	
股東權益	462億	76%

資產 611億

1/1 保留盈餘	273億
+ 淨利	194億
- 股利	(38億)
= 12/31 保留盈餘	429億

市值 4,559億

自由現金流量	CFO+CFI =143億

註：保留盈餘含
(1)法定盈餘公積
(2)未分配盈餘

4

財報「全方位儀表板」-I

大立光103合併年報實例

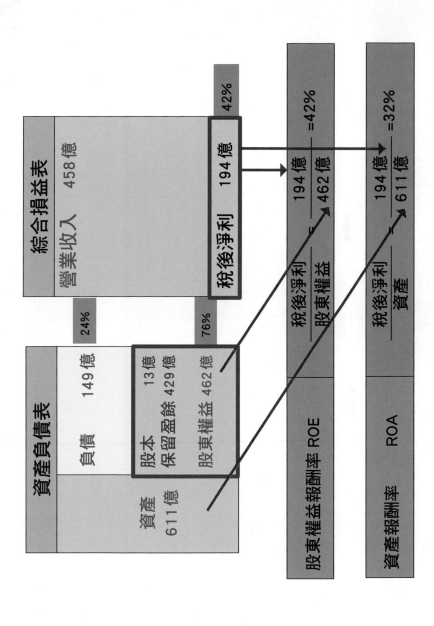

財報「全方位儀表板」

現金流量表
- 稅後淨利
- CFO
- CFI
- CFF
- △現金
- 1/1　現金
- 12/31 現金

稅後淨利EPS
每股CFO
每股CFI
每股CFF
12/31 每股現金

D：每股股利

綜合損益表
- 營業收入
- 營業成本
- 營業毛利
- 營業費用
- 營業利益
- 稅前淨利
- 稅後淨利

1/1 保留盈餘+淨利-股利=12/31 保留盈餘

每股營收S

每股淨利EPS　每股保留盈餘

1/1 每股保留盈餘+EPS-D=12/31 每股保留盈餘

資產負債表
- 資產
- 負債
- 股本
- 保留盈餘
- 股東權益

每股資產
每股負債
面額10元
每股保留盈餘
每股淨值B

市值

除以股數

每股市價 P

羅澤鈺會計師 製表

財報「全方位儀表板」
大立光103合併年報實例

現金流量表

稅後淨利	194億
CFO	197億
CFI	(54億)
CFF	(37億)
△現金	106億
1/1 現金	135億
12/31 現金	241億

綜合損益表

營業收入	458億
營業成本	213億
營業毛利	245億
營業費用	34億
營業利益	211億
稅前淨利	230億
稅後淨利	194億

資產負債表

	負債	149億
資產 611億	股本	13億
	保留盈餘	429億
	股東權益	462億

1/1 保留盈餘+淨利-股利=12/31 保留盈餘

市值 4,559億 ÷以股數 1.341 億股

EPS	145元
每股CFO	147元
每股CFI	(40元)
每股CFF	(28元)
△現金	79元
1/1 現金	101元
12/31 現金	180元

每股營收S=342 元

EPS = 145 元

每股資產 455元

每股負債111元		
	面額	10元
	保留盈餘	320元
	每股淨值B	344元

1/1 每股保留盈餘+EPS -D=12/31 每股保留盈餘

P= 3,400 元

羅澤鈺會計師 製表

註：104/7/15收盤價

財報「全方位儀表板」- 下半部
大立光 103 合併年報實例

除以股數 1.341 億股

EPS	145 元
每股CFO	147 元
每股CFI	(40 元)
每股CFF	(28 元)
△現金	79 元
1/1 現金	101 元
12/31 現金	180 元

每股自由現金流量FCF
=CFO+CFI
=147 元 - 40元
=107 元

每股營收S=342 元

EPS = 145 元

1/1 每股保留盈餘　203 元
+EPS　　　　　　　145 元
-每股股利D　　　 (28元)
=12/31 每股保留盈餘 320 元

每股負債 111元

面額　　　　 10 元
保留盈餘 320元
每股淨值B 344元

每股資產 455 元

P= 3,400 元

註：104/7/15收盤價

羅澤鈺會計師 製表

財報「全方位儀表板」－下半部
大立光103合併年報實例

除以股數1.341 億股

EPS	145 元
每股CFO	147 元
每股CFI	(40 元)
每股CFF	(28 元)
△現金	79 元
1/1 現金	101 元
12/31 現金	180 元

每股營收S=342 元

EPS = 145 元

每股負債 111元

面額 10 元
保留盈餘320 元
每股淨值B 344 元

每股資產 455 元

P= 3,400 元

註：104/7/15收盤價

股價淨值比 (P/B)　　$\dfrac{每股市價P}{每股淨值B} = \dfrac{3,400 元}{344 元} = 9.9$

本益比 (P/E)　　$\dfrac{每股市價P}{每股淨利EPS} = \dfrac{3,400 元}{145 元} = 23$

羅澤�會計師 製表

P/E、P/B、ROE 綜合使用

明日之星（Rising Star）	落水狗（Dogs）
高P/E	低P/E
高P/B	低P/B
高ROE	低ROE
預期未來有成長性	成長性不佳，甚至於衰退
Which are expected to grow quickly and enjoy high ROEs during the growth period and/or after the growth occurs	which have little prospect for either growth or high ROEs

財報「全方位儀表板」
大立光103合併年報實例

資產負債表

資產 611億	負債 149億
	股本 13億
	保留盈餘 429億
	股東權益 462億

24%　76%

綜合損益表

營業收入	458億
營業成本	213億
營業毛利	245億
營業費用	34億
營業利益	211億
稅前淨利	230億
稅後淨利	194億

現金流量表

稅後淨利	194億
CFO	197億
CFI	(54億)
CFF	(37億)
△現金	106億
1/1 現金	135億
12/31 現金	241億

54%　46%　50%　42%

自由現金流量=143億

每股資產 455元
每股負債 111元

面額	10元
保留盈餘	320元
每股淨值B	344元

每股營收S=342元

EPS = 145元

（每股現金流量表）

EPS	145元
每股CFO	147元
每股CFI	(40元)
每股CFF	(28元)
△現金	79元
1/1 現金	101元
12/31 現金	180元

42%

每股自由現金流量=107元

市值 4,559億　除以股數1,341億股　273億+194億-38億=429億

P= 3,400元　203元+EPS145元-D28元=320元

羅澤鈺會計師 製表

註：104/7/15收盤價

財報「全方位儀表板」
勝華 103 年 Q3 合併報表實例

現金流量表

稅後淨利	（188 億）
CFO	25 億
CFI	（10 億）
CFF	（49 億）
△現金	（34 億）
1/1 現金	71 億
12/31 現金	37 億

自由現金流量＝15 億

綜合損益表

營業收入	546 億	
營業成本	613 億	
營業毛利	（67 億）	(12%)
營業費用	30 億	
營業淨損	（166 億）	(30%)
稅前淨損	（173 億）	(31%)
稅後淨損	（188 億）	(35%)

(86 億)＋ 資本公積彌補虧損 87 億＋(188 億)-0 億=(187 億

資產負債表

資產		負債 535 億	85%
630 億		股本 205 億 待彌補虧損(187 億)	
		股東權益 95 億	15%

除以股數20.47 億股

市值 205 億

EPS

EPS	（9 元）
每股CFO	1 元
每股CFI	（1 元）
每股CFF	（2 元）
△現金	（2 元）
1/1 現金	3 元
12/31 現金	1 元

每股自由現金流量＝0 元

每股營收S＝27 元

EPS =（9 元） (35%)

每股負債26元

面額	10 元
待彌補虧損	(9 元)
每股淨值B	5 元

每股資產 31元

P= 10元

(4元)＋ 資本公積彌補虧損4元+EPS(9 元)-D0 元=(9 元)

羅澤鈺會計師 製表

註：市價以10元計算

12

善用工具與指標
篩選好股就是這麼簡單

誠鈺會計師事務所主持會計師
羅澤鈺 著

會計師選股 **7** 大指標
及 **41** 檔口袋名單

2020
增訂版

第一章

尋找投資標的的第一階段：
電腦選股

　　一方面是為了財報的教學，一方面也是我自己私下的樂趣，我經常透過電腦的選股工具來幫我篩選一些「有趣」的股票。基本面選股，有時候被人誤以為「電腦也可以選土豆」，只要設定好某些神祕的參數，經過電腦運作，就能夠得到一份神奇的魔法名單，讓任何人都可以在股海淘金。如果有人真的發明出這樣的神奇系統，麻煩請跟我連絡。

　　事實上，那完全是對於電腦選股的癡迷妄想，只有不懂的人才會講出那樣過於天真浪漫的故事。如果你問

我，「既然不能選出飆股，那為什麼你還是經常電腦選股呢？」我會這樣做的原因很簡單，因為——人的時間有限。面對台灣約莫一千五百餘檔的投資標的，沒有人可以在一千五百檔股票當中瞄個一眼，就可以信手拈來，悟出一套投資大道理，還能立刻為股價變化隔空抓藥，那實在是算命師的工作，並不是我們這種觀察財報的基本面投資者。

弱水三千，只取一瓢飲

利用電腦選股，並不是幫我們立即找出投資標的，相反地，是讓我們透過適當的財務數字，先初步剔除許多完全沒有興趣的標的。不論是選用了哪幾個指標，或是設定了什麼樣的參數，其最重要的目的在於簡化我們的工作，降低我們的時間負擔。沒有一個人有能力在進行個人理財的時候，能夠全天候、全時段，而且是全市場的撒網研究，那不是貪心，而是在做夢。

　　這也是我想要在別冊當中，跟讀者強調的地方。當
我們對於財報數字與分析有一定程度的了解與認識，你
大致上就過了入門的階段，而開始成為進階的投資人。
當你懂得觀察個別公司的財務報表，開始好奇其他公司
表現如何時，電腦選股工具就可以幫助我們設定一套自
己的觀察清單，不論是白名單還是黑名單，它都不同於
報章媒體的熱門股，或是口耳相傳的股海明牌。

　　就好比我們開始成為會「開規格」的消費者，你
可能進了一家電子3C商店，一開口就跟店員說：「我
要一台八核心處理器、具有獨立顯示晶片、8GB記憶
體、512GB固態硬碟的17吋筆記型電腦。」店員聽了
就挑出不同品牌和型號的產品，你開始試用，然後比較
價格。當你有「開規格」的能力時，表示你也足夠了解
產品相關的知識與生態，你不需要花時間在店舖內瀏覽
琳瑯滿目的其他商品而猶豫不決，而能更快更迅速的找
到自己需要的產品。

電腦選股對我來說只是尋找投資標的的第一階段，選出來清單以後，後面還有數個步驟，需要逐步檢驗與思考。每一家公司如何達成我們設定的條件？為什麼會有這樣的經營成果？為什麼相對於其他競爭公司有比較好看的財報成績等等。

人生有趣的地方就是這樣，當我使用電腦選股工具的時候，那些被剔除掉的公司當中一定有不少黑馬股、未來明星股，甚至是一些看起來根本就是輕而易舉可以賺錢的好投資，不過，你一定要有捨才會有得。若是那種想要把把都贏，沒有「弱水三千，只取一瓢飲」的胸襟，我勸你還是不要來學習電腦選股，你一定會學得很痛苦。

現代人的時間有限，除了投資研究以外，我們需要生活，要看電視，要吃飯，要出外郊遊，要用手機上網，我實在找不到理由來拒絕使用電腦選股的系統。在投資上，電腦選股系統，還真的是我吃飯的傢伙呢！

財報分析並非萬能，
但不懂財報卻萬萬不能

　　投資人在一頭埋入股海裡之前，多少都有聽過股市的分析方式分為總體面、基本面、籌碼面、技術面、消息面，做為不同面向投資分析的思考架構。在我認為，基本面絕對是所有投資思考的核心（如圖1-1），核心的內容就是資產負債表、綜合損益表、現金流量表、權益變動表，這四大報表做為基本面的主體，在外圍的總體面、籌碼面、技術面與消息面，則是搭配基本面的次要因素，如果沒有了基本面的要素支持，任何分析與研究都是空洞、沒有意義的。

　　當你確立了基本面是投資決策核心的時候，一切就會變得更加撥雲見日，你會開始注意股價與基本面變動的關係，你越來越容易忽略那些沒有基本面支持的價格變動；而在基本面沒有大幅改變的情況之下，你也不容易受到價格走勢變化跟多空消息刺激而緊張兮兮，你漸

圖1-1 股市分析架構

漸發現自己對於短線波動有了抵抗能力,因為一個公司
的營運本質,不會因為今天股價上漲或是下跌,就出現
改變。

　　許多人誤以為學會了財報分析，就等於有了倚天劍、屠龍刀，擁有在戰場上「戰無不勝，攻無不克」的超人能力。雖然我一直鼓勵散戶學習財報知識，在這邊我又要潑你一桶冷水，縱使財報分析真的是神兵利器，你惦惦自己又有多少內力可以施展絕世武功呢？

　　雖然從頭到尾都在歌頌基本面分析的好處，我仍要在此發出嚴正的警語，投資決策是一種思考的藝術，我們在投資上最大的難處，就是必須預測未來，然而，任何一個平凡人都沒有預測未來的能力。但公司營運狀況的改變終究會反應在價格上面，而基本面分析能讓我們掌握過去的營運軌跡，了解公司目前的現狀好壞，或是拿來驗證我們過去做出的推測是否正確。

　　在預測未來這件事情上面，基本面分析能夠給我們的直接幫助少之又少。因此，你不該在掌握公司關鍵數字之後，就夜郎自大、誤以為自己能夠戰勝市場，須知，步步為營才是健康的投資心態。

　　學也無涯，知也無涯，財報分析並非萬能，但不懂
財報分析卻萬萬不能！

第二章

六大指標，用財報選好股

　　當你對於基本面分析有了足夠的基礎，我們就要進入如何利用電腦來選股的篇章。如果你已經學會許多財報分析的能力，而且也具備本書提過各種IFRSs相關調整的知識，你卻不會電腦選股，那實在是令人遺憾的一件事情，就好比有人拿著最新一代的iPhone，卻連個Facebook或是FaceTime都沒有用過，不是白費了自己之前的所有學習嗎？

　　財報數字選股通常不是直接選取財務報表當中揭露的數字，而是倚重財務比率，財務比率用最簡單的比喻來說，就像是我們去購買一般商品會去比較「C/P」

值。一般我們所謂的C/P值，指的是Cost/Performance Ratio（性能除以價格），如果相同價錢能夠買到規格更高的東西，我們就會覺得划算，然後講說某某產品「CP值很高」。有許多功能相同、外觀幾乎沒有差異的標準化商品，例如DRAM、硬碟、汽油、水果，我們很容易計算它們的CP值，可惜市面上多數產品有相當程度的差異性，使得我們無法用單一標準或是特定單位來衡量產品的CP值，這時候我們就會同時考慮數個不同的變數。

例如現在人手一台的智慧型手機，當你要比較CP值時，你就會同時考慮處理器速度、記憶體容量、內存容量、螢幕解析度大小、相機解析度、外觀等等各種不同的特性。你最終就是在多個變數內去考慮最適合自己的產品，到最後就會變成「沒有所謂CP值高的商品，只有符合你的商品」，這時候要買產品要「買得好，又要買得巧」，不就變成了一種藝術了嗎？但是我相信很少有人會去認真比較產品間的差異，大家都靠感覺在

買，所以不論產品好壞，一定有人埋單，原因在於產品的差異化以及群眾不理性的消費。

買股票也是類似的道理，市場當中至少有三、五百檔你願意買的標的，如果你跟買菜一樣，憑感覺去買，就是一種不理性的消費行為，就不要奢望自己還能夠買得好又買得巧，「賺到股息，又賺價差」。而且股票裡面的財務數字，每一項都是股票自己的「規格」，你如果不先好好比較相同價錢到底買到什麼「規格」，怎麼可能做出能獲利的投資決策呢？

標準化的產品有一致的「規格」，但股票代表公司獲利的分配權，直接連結到該企業經營成果與公司本身競爭力，有的公司庫房裡面堆滿原料，有些公司只有辦公室跟專利，有些公司製造別人的產品，有些公司只提供專業服務，這些天差地遠的特性，讓每檔股票至少有上百個不同的「規格」來增加你分析的困難度。

這些高複雜的特性，都讓選股變得不是一件容易的事情。不過，讓人欣慰的是，其實你不用選到十項全

能、什麼都是第一名的公司，那些財務數字可圈可點，
沒有重大缺陷的公司，只要價格合理，仍然有機會讓你
在市場中獲利。

投資決策是件藝術，你現在能體會了嗎？

財報選股的條件設定

利用財報數字來選股，最便捷的就是使用公認的幾
項財務比率來做為選股條件的設定，因為許多財務比率
是投資業內公認的標準，它不但有學術研究的理論基
礎，也具備實務經驗的臨床操作。概括講起來很簡單，
但是該選用哪些指標，還有應該用什麼樣的參數，則是
人人不同，也沒有絕對的標準；不同的選擇條件有不同
的利弊，就好比那些熱衷技術分析的投資人，也會利用
技術分析的指標來篩選有興趣操作的標的。

財報選股說來是件「內行看門道，外行連熱鬧都看
不到」的事情，多數投資人因為沒有財務分析的基本概

念，隨便設定一堆條件，或是囫圇吞棗地去抄襲一些專
業人士的選股條件，不知道為什麼要這樣篩選，選出來
也不知道是什麼東西，看到了清單也不知道如何進一步
追蹤與分析。結果也不知道那個天才發明的，就說拿別
人的財務條件選擇出來的股票，可以用技術分析來操
作。你如果對一家公司基本面完全沒有概念，要如何操
作呢？你怎麼知道拉回要找買點，還是下跌要作停損，
或是盤漲應該要追買，又還是趁機要拔檔呢？

　　許多技術分析的最根本，就是「先假設」某支股票
會「上漲」或是會「下跌」，後面才衍生整套的操作邏
輯。如果沒有參透基本面這件事情，投資只會是一場又
一場的賭博，交易的靈魂永遠都找不到出口。縱使偶然
致富，在下一次投資失利之前，也不過是個短暫的運
氣。

　　下文中，我會盡量透過一些範例讓讀者知道如何設
定財務選股的條件，也能更深一層地知道為什麼這樣選
股，同時避免讀者對於財務選股有錯誤的認識。

　　我認為，用財報數字來選股的設定有三個基本的原則：**指標異質性、參數有效性**，以及**條件適量性**。

　　所謂的「指標異質性」，意思是有一些財務指標本身的意義接近，或是有直接關聯性，你如果同時使用好幾個類似的指標，就無法產生足夠的鑑別效果。例如毛利率、營業利益率、稅前淨利率、稅後淨利率，你如果一股腦同時把四個指標都拿來做篩選條件，除了條件重複以外，你還忽略了其他的觀點。簡單來講，其實財務報表就只有四大報表，指標的含意只要能橫跨四大報表或是主要的三大報表，每一張報表都選出一、兩個重要的項目當作篩選指標，原則上你就已經具備了相當的廣度。

　　再來就是「參數有效性」，選定了幾個橫跨四大報表的財務指標後，你要注意的就是設定財務指標的參數。所謂的參數就是你毛利率想要抓30%或20%以上，或是流動比率在200%還是250%以上。另一個參數就是篩選的期間，到底是選近四季？還是要截取3年

還是5年的財報期間？這些都會對結果產生不同的效果。除學術上的建議標準，你還要注意的是：設定越嚴格的條件，你能夠篩選出來的股票數量就會越少。相反地，如果設定的參數越寬鬆，你得到的結果就越多，徒增加自己的分析負擔。有關參數的選定我並沒有辦法給你最好的建議，因為它沒有絕對的標準，一般而言，我們會抓市場的經驗值或是學術前輩們的建議值。

最後是「條件適量性」，條件的篩選你設定越多，會越顯得你的篩選沒有特色。篩選條件的時候，我們通常會有一些核心想法，例如我們想要找到競爭力強而且成長穩定的公司，我們就會從「經營績效指標」與「中長期財務穩定」的方向來做主要的條件設定，如果你又增加了低股價淨值、低固定資產比率、低負債、研發費用比等等，就會越來越偏離你原本的設定目標，過多的條件選出來的股票反而是四不像。

所以，我認為設定篩選條件落在5到10個指標之間是最適宜的，因為財務報表就四大報表，如果你想要橫

跨四大表，至少就要4個條件，再加上幾個額外輔助條件，一定會超過5個項目。

　　有很多書籍或是軟體，會提供許多投資大師的設定條件，先不論那些條件是不是真的從大師所出，你會發現，原來不同的投資大師有其與眾不同的篩選條件，重點在於，他們知道自己選出來的是什麼。從那些前輩的範例，印象中我沒有看過有大師提出十幾個條件來篩選的，所以我才會從理論與經驗當中，歸納出5到10個指標的結論供讀者們參考。

　　財務指標條件的設定，跟技術分析的設定有多項雷同之處，技術分析也有分趨勢指標跟擺盪指標，如果各選一個，再加上價格線圖上面支撐、壓力線以及圖型上的型態，最後加上成交量，零零總總也會一次用了5個指標。接著是他們還要設定適合的參數，最後加上主觀經驗的追蹤與操作，才能夠有不錯的績效。

　　我拿技術分析與基本分析這兩個殊途同歸的派別來類比，希望能夠幫助那些原本對技術分析熟練的投資

人，能夠更快地跨入基本分析的領域。

會計師的好股篩選法

江湖一點訣，說破不值錢。首先，我要開誠布公我
選股的一個小祕密，那就是所有挑選出來的股票，要先
剔除金融股跟營建股。

本書已經討論許多，在 IFRSs 著重公允價值會計的
精神之下，金融資產與土地資產的評價變動，以及未來
企業可能發生的資產重估，都會大幅影響我們的投資預
期，因此以金融資產為主的金融業，以及土地資產為主
的營建業，都會增加投資人的分析難度。連我自己有時
候都會看得「很費力」的財務報表，還是留給更進階的
投資人來挑戰吧。

我設定了6個指標來篩選股票，分別是「5年平均毛
利率大於25%」、「5年平均稅後淨利率大於10%」、「5
年平均EPS大於2.5元」、「5年平均ROE大於15%」、

「5年平均現金殖利率大於5%」、「5年平均現金活水率
大於0」。接下來我要來一步一步為讀者們詳解,到底
這些指標有什麼意義,以及為什麼要設定這些標準(見
圖2-1)。

図2-1 **會計師的選好股六大指標**

輕鬆選好股六指標:

一、5年平均毛利率大於25%
二、5年平均稅後淨利率大於10%
三、5年平均EPS大於2.5元
四、5年平均ROE大於15%
五、5年平均現金殖利率大於5%
六、5年平均現金活水率大於0

指標一:5年平均毛利率大於25%

毛利率在財務分析當中是很基礎、也非常具有意義
的一個獲利指標。毛利率代表一家公司或是企業在營運
過程中,營收與直接成本的關係,例如一家小吃店一個

月做了10萬元的生意，初步計算小吃的材料成本約5萬元，那這家公司的毛利率就是50%。毛利率代表著企業的競爭力，同樣是賣小吃，若別人毛利率60%，而我們自己的小吃店只有50%的話，表示我們有比較差的成本管理，以及比較差的價格競爭力。

此外，毛利率也會反應該產業的風險報酬。同類型的公司，由於身處類似的產業條件，加上長期的市場價格競爭，個別公司的毛利率會穩定，而且會互相趨近。很多新興產業毛利率很高，例如，許多生物技術產業或是網路通路公司，毛利率可以高達60、70%，但許多傳統產業的毛利率卻不到20%，而台灣的電子代工業普遍不到5%，由此可見，不同產業有著差異極大的毛利率水準。

毛利率高，有時候只是該產業不成熟，整體產業有很高的風險，因而可以享有高毛利率的水準，等到產業未來成熟之後，毛利率也就降低了。也就是說，高毛利率不一定代表未來就是好公司、好產業。不過，低毛利

率卻有著致命的缺陷，毛利率太低，企業不容易應對景氣波動，只要產業稍微進入衰退與調整，或是遇到成本快速拉升的市場變化，企業很容易出現財務虧損。

　　只要能避開毛利率過低的產業，你自然已經先避開一大部分會因為營運風險而突然出現虧損的企業。所以我的選股第一指標，就是要抓近5年平均毛利率大於25%的公司。表示該公司是一個中長期都處於高競爭力的狀態，自然有潛力、是個好公司。

指標二：5年平均稅後淨利率大於10%

　　稅後淨利率，是一家企業扣除直接成本，再扣除間接成本以及稅務之後的利潤率，它同樣也是衡量企業經營能力的營運獲利指標之一。稅後淨利太低的公司，在營收突然下降或是成本大幅上升的時候，很容易產生虧損；稅後淨利率較高的公司，也比較有能力可以提供足夠的護城河，在景氣衰退的過程當中持盈保泰、預留實力，等到下一輪景氣復甦時，成為新贏家。

　　既然已經選了毛利率，為什麼還要選稅後淨利率呢？這兩個財務指標感覺不是很類似的指標嗎？你也許會問：「羅老師，這樣不是違反你前面說的指標要異質性嗎？」如果你有這樣的想法，表示你真的很認真看這本別冊，不過，請回過頭去複習正冊的第二章。由於IFRSs以合併報表為基準，所以企業集團的營收與成本會合併計算，但是也包含了非控制權益的營運數字在合併報表當中，而最終的稅後淨利會分成兩個部分，一個歸屬於母公司，一個歸屬於非控制權益。因此整份綜合損益表，只有到稅後淨利才會把非控制權益扣除，才能正確反應你持有股票所代表的母公司的真實獲利。

　　在稅後淨利設定篩選關卡，我們可以避開一些因為合併許多子公司而產生高毛利，但是實際上最後淨利歸屬於母公司卻很小的奇怪公司。因此，在稅後淨利率的項目中，我會設定成平均5年稅後淨利率要大於10%。

指標三：5年平均EPS大於2.5元

　　EPS這個項目，相信專心從正冊看到別冊的讀者，一定非常明瞭這個關鍵的財務指標，EPS是剔除了非控制權益（少數股權）的稅後淨利，除以普通股股數的每股獲利。

　　跟毛利率與稅後淨利率一樣，EPS太低的公司通常都是低價股，而且通常是產業競爭力比較差的公司，同樣地，反應在股票的價值上，低EPS的公司其配股配息的能力很低，也很難獲得市場的青睞。儘管許多低EPS的公司會去玩弄EPS大跳躍的戲碼，股價表現也很讓人感到興奮，但是我不認為這是一般投資人能夠玩得起，又能在公司操弄數字之前領先進場的飢餓遊戲。

　　在2013年台灣開始導入IFRSs制度之後，最大的特色是公司的資產負債表為了反應公允價值的變動，會導致EPS的呈現結果變動更大。當然這的確讓公司有更多的空間可以「調整」EPS。但回過頭來，我們更應該

留意那些在導入IFRSs之後，公司的EPS仍然與過去趨勢一致、同時保持穩定成長，又或是維持一定的獲利水平，這樣穩健經營的公司則具有更高的透明度與財報品質，讓外部股東能夠更加安心持有。

回到正題，一家長期具有競爭力的公司，它在EPS的表現絕對不會起起伏伏又忽高忽低，那些EPS長期太低或是賺賠不定的公司，在市場上就是投資人應該要避開的標的。

雖然EPS不代表公司絕對的競爭力，但是沒有EPS卻萬萬不能。所以，我會要求自己想要投資的公司至少5年平均EPS大於2.5元，才具備「好股」的可能性。

指標四：5年平均ROE大於15%

股東權益報酬率（ROE）是美國股神巴菲特最愛的首要財務指標。同樣都是拿稅後淨利當作分子，但ROE與EPS不一樣的地方，在於它更廣泛地衡量整個

公司拿股東權益去創造了多少的獲利，ROE是代表一家公司總資產扣除負債後，剩下的價值所創造獲利的能力，也是企業運用資源的效率。

有一些公司發行股數較少，所以股本較小，因此表面上看起來EPS較高，但是ROE的數字卻很低，表示公司拿其他資源去創造獲利的能力很差，這樣的公司對股東來說很難有長期持有的吸引力。所以在EPS之後，加上ROE這個關卡，可以幫我們剔除那些股本小，但整體營運效率較差的公司。我的個人看法最好是5年平均能到15%以上，這樣的公司長期都有相當的競爭力。

根據多數的市場經驗，ROE越高的公司，股價通常也會越高，ROE長期維持在高檔，或是長期趨勢成長，這樣的公司都是投資人該留意的標的。

指標五：5年平均現金殖利率大於5%

對我們外部投資人來說，再高的營收、再夢幻的EPS、再亮麗的ROE，都遠不及現金股利對我們口袋所

產生的直接效果。現金股利是你在賣出股票之前，就會對報酬產生影響的事情，而且現金股利是公司真的要拿出白花花的鈔票來給股東，所以，沒有一定的經營實力與財務品質，是沒有辦法發放現金股利的。在我認為，現金股利就是公司與董事會給股東的誠意。

如果我們買了股票後就永遠不賣，我們的利益就剛好會是每年領取的現金股利的總和。根據投資學當中的「現金股利折現法」，把股東未來每年各期的現金股利折現為現值，得到的結果就是該股票所具備的價值。儘管股票每年的股息變動很大，但假設你能知道某公司未來每年的現金股利，你就能準確地估計一檔股票的價值。

近年很多人在喊「被動收入」跟「存股」，其最核心的意義就是累積夠多的股票數，拿現金股利來當作投資人的被動收入。雖然從股價扣除的觀點來看，領取現金股利好像是從市場賣掉股利之後拿到自己另一個口袋，而且還要被政府課所得稅，但是不可否認的，現金

股利的發放多寡，總是跟股票價格有高度的相關性。

　　不管公司再怎麼賺錢，沒有現金股利一切就免談了。因此，在選股的篩選條件中，至少要5年平均現金殖利率大於5%，我才會認為是一檔優質的好股票。

指標六：5年平均現金活水率大於0

　　當我們設定了高毛利率、高稅後淨利率、高EPS、高ROE以及高現金股利後，你以為從此以後就進入了太平世界嗎？很可惜，在我的經驗當中，看過太多EPS、ROE、現金股利年年上升，在市場追捧之下成為熱門股，最後卻爆出做假帳的醜聞，導致投資人血本無歸。

　　在經過一連串營運分析之後，更重要的照妖鏡就是現金流量表，如果一家公司能夠在「美化」損益表調假帳後，現金流量表還能毫無瑕疵，最後還變成地雷股害我投資失利，我也認栽了。

　　當我們抓出營運優勢的公司後，在公司獲利成長以

及穩建配發股利的同時，我希望見到一個最基本的現象，就是公司能夠拿賺到的錢來配發給股東。你或許會問：「財務報表上的獲利，難道賺到的不是真錢嗎？」是的，真錢只有一種，就是發得出現金的錢才是真錢。如果發不出來，或是根本是靠借錢舉債來發股利，這樣的公司我們只好跟它說：「謝謝，再連絡！」

有一個很好用的指標，我把它叫作「現金活水率」。就是拿每股自由現金流量去除以每股配發的現金股利，這個指標我認為至少要大於0，當然最好是大於1以上。

不過公司營運當中，有時候為了產業競爭，會舉債投資於廠房設備，這時候會使得短期現金流量表不好看，為了避免選股過於嚴格，所以我建議在選股軟體上設定大於0即可，最後再用人工分析公司的現金流量表現。如果設定現金活水率為1以上，表示公司長期都是用賺到的真錢來配發現金股利，這是很優質的投資標的。

重要比率

$$現金活水率 = \frac{每股自由現金流量}{每股現金股利}$$

　　以上6個指標，就是我選好股的設定標準，我詳細說明選股條件的原因與思考，希望讓讀者能夠知其然又能知其所以然，一方面可以給讀者做為參考使用，另一方面也希望讀者未來可以自己變化、詳加利用，成為自己未來在股海釣魚的工具。

第三章
會計師的好股名單

前版篩選結果的檢討

　　我的觀念一直都是「幫讀者捕魚，不如給讀者釣竿」。報明牌看起來是很簡單的事情，但實際上投資人就算有了明牌，對於標的不明究理，終究也只是一場賭局。所以我寧願著墨在教學上，讓讀者一步一步化解對於財報認識的恐懼，透過經常接觸財報而發覺投資的機會，除了發財，一旦標的有產業衝擊或是其他狀況，你還可以回到財報數字思考，那對投資人絕對是可喜可賀的事情，我也能感到欣慰。

　　在2015年初，我透過6大條件從32檔名單中篩選選出了翔名（8091）、威強電（3022）以及融程電（3416）做為案例討論，主要是要讓讀者知道我看待股票的思考與脈絡。做為負責的財務研究與教學者，我認為我需要為前一版的讀者們檢討與分析這三個案例的後續發展。撰文當時三檔股票隨著年報與第一季的財報出爐後，發展各有好壞。

　　翔名這檔一開始注意時股價還在50元出頭，後來公司合併寶虹科技。擴大了合併營收，股價很快漲到70多元。但是跟我當時撰文的看法一樣，我最擔心的就是毛利率會大幅下滑，而且每股盈餘成長下跌。果不其然，隨著2015年的景氣下滑，翔名2015年第4季與2016年第1季的EPS也變成負成長，股價就被打回50元的起點。爾後2017年減資，又恢復獲利成長，漲到138元，那又是另一段故事了。

圖3-1 翔名（8091）近5年EPS

資料來源：財報狗

　　再來是威強電（3022），當時選出來股價已經反應
了一波，雖然電腦把它列為選股名單之一，我還是在文
中特別強調它的現金流品質較差，而且2015下半年營
收年增率負成長。這種本來就有一些疑慮，後來營運
又轉差的公司，股價自然會大幅回落，從55元跌到38
元。融程電（3416）跟威強電如出一轍，下半年遭遇一
樣的景氣回檔，營收開始負成長。

　　前版內容中我就有提到，抓出來的三檔股票當時我相對看好翔名，雖然產業景氣衰退，股價也不至於破底，始終在50元附近上下震盪，直到2017年8月賣掉了寶虹科技又減資30％，雖然合併營收減少，但是EPS又恢復成長，股價隨著消息與減資漲到138元，直到2018年遇到中美貿易戰爭，營收動能才又衰退。持有這種公司的好處是財務面有一定的保護，在回檔時相對較有支撐，也不至於變成地雷股，投資人在波段操作上隨著營運的變化，可以掌握波段的獲利得契機。

　　所以這也告訴讀者，電腦選股真的不能囫圇吞棗。投資裡真的沒有絕對搖錢樹，你若依照財務知識來再篩選再思考，就能從一堆標的裡面找出相對安全又更有成長潛力的公司。你可以看到，就算是我前版介紹的標的，等到出版以後情勢早就改變，一出版後就見高開始下跌也是合理的事情，你要學的是方法與觀點。投資是一種走一步看一步的過程，讓自己趨吉避凶，這才是學習財務分析最大的好處。

符合六大條件＋價水比排序的好股名單

　　前面寫了很多，其實你不論有懂沒懂，當我把條件明列出來的時候，你應該馬上就會有眼睛一亮的感覺，原因是「老師又在報明牌了！」。不知道為什麼，讀者永遠都愛這一招。所以不免俗套，我在這邊還是提供一份在2020年用選股程式跑出來的好股名單（見表3-1）。只是，雖然名稱是好股，但它是不是真的好股，還是需要投資人練習分析。除了聽別人的明牌感到興奮活水之外，我還是希望讀者將來可以自己選股，自己做投資判斷，這將是我所能給你最大的幫助。

　　我的選股條件其實很基本也很簡單，沒有什麼特別的地方。在這邊還要補充的是，因為各家選股系統程式撰寫方式不同，我這邊都是用五年平均來看數字；更為嚴格的方式是採逐年制，也就是五年之中每一年都要達到設定標準，選出來的股票才會是沒有受傷的好標的。缺點是，因為景氣循環的關係，企業表現有時候難

免差強人意，如果你選股執意設定每年都要達到高標準，結果就是選不到股票，選不到跟沒有選其實是一樣的意思。

不過你也別高興太早，各式各樣的選股工具選出來的名單，其實都只是一份候選名單，我們還是必須要一檔一檔的深入研究。就算不到深入研究，你也得粗略的分析一下，至少搞懂人家是賣什麼產品、獲利的來源是什麼東西，而不是一看到選股名單就胡亂下單，最後投資失利就怪自己運氣不好。那樣根本不是投資，跟玩六合彩沒兩樣！

過去我選股習慣偏向在財務體質不會太差的公司裡找出成長的動能，所以電腦篩選出來的標的也會一檔一檔比較。本書出版後，我常常遇到許多投資人不擅長追蹤公司的成長變化，這次要跟讀者報告的方式，是採用現金活水率的觀察角度。

現金活水率當然是越高越好，搭配穩定的毛利率與 ROE，只要營收起飛，EPS 與配息一定少不了成長。

這時候對投資人最關鍵的問題是，你要花多少成本去買
到現金活水率。所以這次要引入「價水比」的排序方
法，就是把「股價除以5年平均現金活水率」，對投資
人來說，每一個現金活水率公司要賣多少錢給我的概
念。成本越低的越划算，當然也更有價值投資與長期持
有的潛力。

表3-1 符合六大指標＋價水比排序的好股名單

股票代號	股票名稱	2015/04/24收盤價	指標一 5年平均毛利率(%)	指標二 5年平均稅後淨利率(%)	指標三 5年平均EPS(元)	指標四 5年平均ROE(%)	指標五 5年平均現金股利(元)	指標五 5年平均殖利率(%)	指標六 5年平均每股自由現金流量(元)	指標六 5年平均現金活水率(%)	指標七 價水比
2633	台灣高鐵	33.05	42.23	20.63	2.44	16.54	0.87	2.63	1.81	2.08	16
6671	三能-KY	36.25	38.69	11.74	5.24	18.39	2	5.52	2.96	1.48	24
2420	新巨	31.1	38.21	17.83	3.49	18.21	2.6	8.36	2.81	1.08	29
8048	德勝	32.8	28.71	12.16	2.75	17.58	2.28	6.95	2.38	1.05	31
1527	鑽全	41.3	29.66	20.28	5.35	21.43	2.8	6.78	3.64	1.30	32
6662	樂斯科	40.7	40.12	17.1	2.27	15.92	1.39	3.42	1.63	1.17	35
6024	群益期	37.9	54.22	27.78	4.02	16	2.57	6.78	2.59	1.01	38
8489	三貝德	64.5	76	13.92	4.86	26.61	2.93	4.54	4.94	1.69	38
2929	淘帝-KY	68.4	39.09	14.77	10.98	21.79	3.36	4.91	5.93	1.77	39
5403	中菲	44.4	30.61	13.21	3.27	16.52	3.02	6.80	3.05	1.01	44
9911	櫻花	46.1	33.5	12.56	3.13	17.08	2.34	5.08	2.41	1.03	45
6525	捷敏-KY	55.8	31.55	20.28	5.57	22.99	3.52	6.31	3.81	1.08	51
3450	聯鈞	72.3	27.4	10.75	6.05	23.16	4	5.53	5.59	1.40	52
4506	崇友	56.6	29.42	15.45	3.5	17.21	2.46	4.35	2.61	1.06	53

股票代號	股票名稱	2015/04/24收盤價	指標一 5年平均毛利率（%）	指標二 5年平均稅後淨利率（%）	指標三 5年平均EPS（元）	指標四 5年平均ROE（%）	指標五 5年平均現金股利（元）	指標五 5年平均殖利率（%）	指標六 5年平均每股自由現金流量(元)	指標六 5年平均現金活水率（%）	指標七 價水比
5474	聰泰	74.3	45.6	20.84	6.75	28.75	3.84	5.17	5.13	1.34	56
6664	群翊	60.2	36.5	18.3	4.87	18.2	4.07	6.76	4.38	1.08	56
2428	興勤	82.5	34.43	16.85	7.46	18.17	3.56	4.32	4.92	1.38	60
6206	飛捷	67	32.4	14.48	5.77	19.02	5	7.46	5.60	1.12	60
2397	友通	73.2	30.9	11.43	4.43	16.22	4.37	5.97	5.14	1.18	62
9951	皇田	66.8	34.67	13.04	8.55	27.62	4.86	7.28	5.21	1.07	62
8482	商億-KY	102	40.05	21.91	9.87	45.23	4.68	4.59	7.60	1.62	63
6411	晶焱	84.2	37.63	15.21	5.42	21.87	3.15	3.74	4.12	1.31	64
5306	桂盟	79.2	41.67	20.14	7.43	20.99	3.85	4.86	4.69	1.22	65
6294	智基	101	43.69	24.64	8.63	46.55	7.06	6.99	10.90	1.54	65
2640	大車隊	75.2	46.47	11.89	4.13	16.23	3.2	4.26	3.47	1.08	69
8086	宏捷科	89.8	30.32	17.49	3.37	16.79	2.35	2.62	2.92	1.24	72
8499	鼎炫-KY	90.3	45.39	22.7	8.82	28.88	3.76	4.16	4.37	1.16	78
4205	中華食	86.4	36.75	16.66	3.03	17.54	2.46	2.85	2.54	1.03	84
4107	邦特	105	43.48	24.4	5.23	17.34	3.42	3.26	4.11	1.20	87
4163	鐿鈦	120	40.22	14.41	7.23	19.29	4.46	3.72	5.74	1.29	93
8446	華研	109.5	50.17	24.71	7.26	31.17	5.9	5.39	6.09	1.03	106
8480	泰昇-KY	131	31.34	17.7	8.08	25.68	5.38	4.11	6.18	1.15	114
6568	宏觀	123.5	45.02	20.25	9.03	22.96	5.48	4.44	5.81	1.06	116
6452	康友-KY	157.5	40.3	21.29	12.39	17.08	6.01	3.82	7.56	1.26	125
3130	一零四	152	90.17	21.36	9.75	21.8	9.11	5.99	10.04	1.10	138
6803	崑鼎	205	28.53	16.69	11.84	16.92	10.45	5.10	15.28	1.46	140
8437	大地-KY	178	82.65	51.61	11.27	23.16	6.72	3.78	8.16	1.21	147
6569	醫揚	172	36.44	13.21	8.41	26.1	6.5	3.78	6.92	1.06	162
5289	宜鼎	176.5	27.6	11.8	9.85	23.97	5.49	3.11	5.69	1.04	170
2059	川湖	317.5	54.82	34.42	16.24	17.71	8.17	2.57	12.11	1.48	214
6488	環球晶	371	30.33	15.29	16.71	21.37	13.5	3.64	22.15	1.64	226

　　因為我的選股採用5年平均，所以符合的公司你還是需要一檔一檔去檢視其財報數字的表現，是否僅因為一、兩年的高數字而稀釋了其他年期不好的表現，或是公司財務數字呈現好好壞壞的不穩定狀態。另一種情況是，雖然公司財務數字是5年平均的優等生，但是已經出現連年下降的趨勢，這也是不理想標的。比較理想的公司，是每年在一定的區間波動，甚至是出現逐年向上的趨勢，就會是相當合適也值得持續追蹤的公司。

　　接下來在這41檔名單當中，我挑選前面3檔價水比最低的股票來跟讀者介紹與分析，讓讀者了解選股後的一些基本判斷。

台灣高鐵即將出發

　　台灣高鐵（2633）是台灣相當純的公用事業股，屬於基礎民生需求事業，又是特許專斷、競爭不激烈的行業，這種特質相當接近巴菲特對於「護城河」的要

求。由於它現在已經是較為穩定的事業，這幾年營收波動度也低，台灣高鐵成立20年，自2017年後載運人次才算達到一個高峰，儘管如此近年EPS約在1到2元之間，而配息率較高，是領息投資人適合關注的標的。

表3-2 **台灣高鐵獲利配息概況**

年度	109Q1	108	107	106	105
EPS	0.2	1.42	1.9	0.95	0.74
ROE	1.58%	11.4%	16.15%	8.61%	6.84%
負債比率	83.41%	83.96%	83.97%	85.68%	86.76%
現金股利	—	1.21	1.12	0.75	0.6

大家都知道台灣高鐵的負債比率高、自有資本率低，但近3年來隨著獲利穩定而逐步下降。事實上，現在全球利率這麼低，投資人倒其實也不需要過分擔心這種獨佔事業遇到負債比率高的問題。

武漢肺炎疫情延燒，雖然整個上半年高鐵載運人次下降，但隨著台灣解封，國內旅遊需求逐步恢復，暑期海外旅遊轉國內旅遊的替代潮，儘管今年的獲利可能

衰退一成到兩成之間，下半年應該要出現好轉。

　　台灣高鐵在2016年之後，不論在季度或是年度的比較下，自由現金流就一直維持穩定的正數，而對長期投資人最有利的地方，是它的現金活水率的取得成本低，5年下來的觀察，台灣高鐵的股價淨值比在2.5到3之間都算是合理的區間（見圖3-2）。在台灣高鐵尚未延伸至環島花東線需要大量投資之前，以現在的淨值推算，若是在34元以下得價格取得它的配息能力，也算是一項划算的投資。

圖3-2　台灣高鐵股價淨值比河流圖

來日方長的三能

　　三能是烘焙器具製造商，在中國與東南亞都有穩定的客群與銷售量，也是亞洲最大的烘焙器具製造商。三能在台灣是 2018 年 12 月才上市，在股票市場上是年輕標的。儘管根據指標篩選找到這家公司，我會比較保留看待它的發展。公開上市 3 年之內的公司財報都要很小心，因為上市之前的會計數字可以保守視之，上市後也要經過法人與金融市場的淬鍊，能好好活下來，才算過了上市的第一個階段。

　　三能的自由現金流穩定，投資擴廠也在持續推展，現金流足以拿來配發給股東，所以在我們的現金活水指標篩選下會被選中。但隨著疫情影響，餐飲及相關烘焙產業應該會逐步出現衰退，不過三能還持續維持跟去年差不多的營收能量，相當難能可貴。這種烘焙器具是民生相關產業，如果在疫情過後還能維持相同的現金創造能力，而且他近 3 年都能配發 3 元以上的現金股

利，目前股價也才在 35 上下，是可以持續追蹤的標的。

　　如果三能是一家已經上市超過 5 年的公司，能維持現在的運作與成長，目前這個配息率其實就很誘人，很適合喜歡配息概念的投資人作為持股。

古老的新巨人

　　新巨（2420）是一家小而美的電子股，主要產品是電源供應器與微動開關，雖然是電子股，但是它的產品可說是相當無聊。枯燥歸枯燥，新巨長期下來盈餘配息率都有到 80％以上，每年 EPS 在 3 到 4 元之間，也都能配出 2 到 3 元的現金，仍是一檔值得注意的高股息概念股。儘管電子業往往產業變動速度快，新巨這家公司不但營運較為穩定，10 年來毛利率與獲利都很穩定，長期股價波動也很牛皮。

表3-3 新巨獲利配息概況

年度	109Q1	108	107	106	105
EPS	0.62	3.19	3.26	3.02	3.71
ROE	2.97%	15.67%	16.35%	15.33%	19.27%
現金股利	—	2	2.8	2.7	3

　　新巨的自由現金流也一直都能維持正數,目前股價淨值比落在1.64,是近幾年來的低點。原因很簡單,因為他的營收正在出現一、二成的衰退,股價走弱是很正常的事情。這家公司股本算小,而且目前投信跟自營商都是零持股,籌碼是很乾淨的個股,等到營收恢復穩定,自然會獲得法人重新回購的青睞。

圖3-3 新巨股價淨值比河流圖

資料來源：財報狗

結合價水比做判斷的好處

這幾年存股與高股息是投資主流，你會發現當我用現金活水率當成篩選主指標來排序時，選出來的標的自由現金流表現都不錯，而且再考慮了購入股票成本高低的「價水比」來尋找目標時，會容易找到配息穩定、自由現金流量正數，而且股價還沒大漲的公司。因為營運衰退所以沒有大漲是其中一項因素，但你只要花時

間研究它們，會發現這些公司的股價其實都算合理且划算。這是使用現金活水率與價水比來做評價的好處。

我跟前版一樣會下選股的結論，如果是這三檔比較，我個人會投給台灣高鐵一票。當然這不是報明牌，而是三檔交叉互相比較之後，我們會選出一個相對放心的標的——這就是選股的過程的一個思辨，希望能給讀者有更多自我訓練的思考空間。

第四章

用財報選壞股

在本文撰寫之時，台股正在武漢肺炎的驚滔駭浪當中，儘管整天都是利空消息，台股與國際股市卻已經從底部大幅反彈回來，即將重新回到今年（2020年）的高點。到了現在6月，很多股票股價已經漲回來，也不少股票還在地板盤旋，至於各股未來會不會起漲，這當然是看公司競爭能力也考驗著投資人的分析能力。

像我們這些經常觀察財報的人，在這種事件之下很容易悲觀，因為第2季肯定不會好。不過金融市場難就在這個地方，市場每個人都在預期未來，如果3個月後最壞狀況也過去了，股價的回升也不是毫無道理。

　　在武漢肺炎肆虐的情況中，或許有讀者會認為機不可失，是個作空放空的大好時機。如果你認為我也這樣想，你就是大錯特錯了。首先，我們這些具備會計專業背景，而且又在外面上課教學還出書的老師，行為要坦蕩蕩，在股票市場上當然也不能幹那些禿鷹的壞勾當。除了教學與觀摩之用，本人不鼓勵沒有作功課、沒有上過課的一般投資人任意放空股票。

　　再來，作空與作多其實是完全不同的思考。在資訊公平的情況之下，股票的特質比較有利於多方，而不利於空方。這是金融商品本質的問題，而不是多空喜好的問題。

作多作空大不同

　　我們來看看宏達電（2498）於2011年4月29日創下歷史天價1,300元以後，4年後回落至72元（2015年6月30日收盤價）。不論你用什麼籌碼面、技術面還是

基本面的方法，如果你真的先知先覺，在當時1,300元放空了宏達電，你現在獲利超過95%，我想大家都會給你一個讚。只是如果你同一天以每股932元買了大立光（3008），放了4年後則是會漲到3,660元逼近4,000元，獲利高達292%。

95%跟292%，這樣的差距夠驚人吧？而且有一個更致命的問題是，融券期間只有6個月，可以展延一次最久到1年，還會遇上股東會跟除權息的強制回補，你就算能1,300元放空宏達電，4年下來你要回補幾次呢？回補以後你是否會繼續放空，還是被股價反彈停損出場呢？

所以，這一章我們講到選壞股，很多人會以為我是鼓勵投資人，在價格波動下跌時或是公司獲利減緩時，就進行放空策略，我認為那並不是一個明智之舉。由於放空最大利潤是100%，而且融券有時間與回補的限制，我們真正有利益的放空是要「快出事」、「跌得快」的股票，才會賺得快。事實上，我的經驗是，市場高手

多到你無法想像。多數時候,當我遇到這種要出事的公司,市場上早已經「一券難求」,打電話到幾家證券公司,能借到幾張算幾張,最後也都只能當做「小賭怡情」、練練財務分析的小遊戲。

快要出事才是真壞股

一家虧錢的公司,長期營業活動現金未流入,而且自由現金流量還是負數,雖然不是爛公司,但也不見得會立即出事,公司在下市之前苟延殘喘撐個兩、三年也是常見的事情。

真正要出事的地雷股,就是要它產生「現金缺口」,就是一般俗稱的資金週轉不靈的狀況。資金週轉不靈的公司,也不見得會立即死掉,公司還是有自救的管道,要嘛就是辦理現金增資跟股東伸手要錢,要不然就是去發行公司債或是可轉換公司債,或找其他銀行來借新還舊。以上 3 個自救辦法,只要做不到,這樣的公

司就會跟我們大家說掰掰。

坊間有許多選股系統有地雷指標,其實都還蠻不錯的,例如台灣經濟新報(TEJ)的TCRI信用風險指標,或是Edward Altman的Z-Score的財務預警分數;我自己最常使用的是CMoney改良的Z-Score。CMoney的Z-Score分成9個等級,7級到9級的股票都是我的地雷股候選名單。凡是7級以下的股票,請初學的投資人無論如何都不要考慮放空。只是選出來的那些股票多數都已經跌破淨值,變成了不如雞蛋水餃的低價股,不是已經不能借券,就是價格沒有什麼下跌空間。

此外,我還有一個很常用的「現金缺口比率」觀察指標,就是這家公司的現金、約當現金加上變現性高的有價證券去除以一年之內到期的流動負債,這個比率低於20%,或是一、兩季出現惡化,這樣的公司就很容易變成地雷股。

重要比率

$$現金缺口比率 = \frac{現金 + 有價證券}{一年之內到期的流動負債}$$

更嚴格的現金缺口比率，還可以修正分母如下：

重要比率

$$現金缺口比率 = \frac{現金 + 有價證券}{\begin{array}{c}短期借款（含應付短期票券）\\ + 一年內到期長期負債\end{array}}$$

所以，CMoney 的 Z-Score 在 7 級到 9 級，如果還有股價在 10 元以上的公司，而且現金缺口比率很低，那就是值得放到觀察名單的壞股票。

最後還是出事的勝華

　　勝華科技（2384）這家公司，投資人都知道這家公司的股票在103年11月19日已經暫停交易了，而且預計104年7月7日要下市。勝華在103年出事之前，其實在Z-Score已經是第8級的不良狀態。當時吸引我注意的地方就是它股價還在10元上下，第2季淨值還有12元，表示這家公司還有肉可以啃。

　　再來就是研究勝華的財務狀況。從103年第2季的財務狀況表可知，公司總負債高達517億元，而相關的現金與約當現金加上有價證券僅62.3億元（見表4-1）。接著看看我所謂的現金缺口比率，這要在合併報表附註當中的流動性風險項目，會直接揭露1年內到期的所有負債總計為440億元（見表4-2），這表示現金缺口比率為14%，遠低於20%的標準。這時候勝華已經出現嚴重的資金缺口了，只要公司財務狀況再惡化下去，連銀行也不敢借錢給它了，這時候股價還在10元

表4-1 勝華103年Q2財務狀況簡表

單位：新台幣千元

會計項目	103年06月30日		會計項目	103年06月30日	
	金額	%		金額	%
流動資產			流動負債		
現金及約當現金	5,443,997	7	短期借款	19,054,643	25
備供出售金融資產－流動	379,024	1	應付票據、應付帳款、其他應付款	16,522,083	22
無活絡市場之債券投資－流動	260,803	—	一年內到期長期借款	9,840,794	13
非流動資產			非流動負債		
無活絡市場之債券投資－非流動	149,325	—	長期借款	5,679,083	8
現金＋有價證券	6,233,149	8	負債總額	51,732,866	68

表4-2 勝華103年Q2的流動性風險

非衍生金融負債 103年6月30日	1年以內	1至2年	2年以上
無附息負債	$15,101,572	$ 478,522	$ 36,225
浮動利率工具	10,395,692	3,160,146	2,481,136
固定利率工具	18,499,745	46,353	1,749
	$43,997,009	$ 3,685,021	$ 2,519,110

上下打轉,是一個絕佳的放空標的。

　　果不其然,勝華的財務數字到了第3季更加惡化,現金與約當現金加上有價證券只勝下41.5億元(見表4-3),一點都不勝華了。果然,103年第3季財報一出,1年內的非衍生金融負債417億元,現金缺口比率降到10%,馬上價格開始崩跌,公司發言人再怎麼澄清都沒有用。如果你有放空到這檔股票,當然就是很快速地獲利,而且你也不用擔心什麼時候要強制回補。

表4-3 勝華103年Q3財務狀況簡表

單位:新台幣千元

會計項目	103年09月30日		會計項目	103年09月30日	
	金額	%		金額	%
流動資產			流動負債		
現金及約當現金	3,696,640	6	短期借款	17,743,052	28
備供出售金融資產－流動	357,256	1	應付票據、應付帳款、其他應付款	21,073,869	33
無活絡市場之債券投資－流動	92,979	—	一年內到期長期借款	4,369,698	7
非流動資產			非流動負債		
無活絡市場之債券投資－非流動	6,084	—	長期借款	9,491,839	15
現金＋有價證券	4,152,959	7	負債總額	53,502,466	85

表4-4 勝華103年Q3的流動性風險

非衍生金融負債 103年9月30日	1年以內	1至2年	2年以上
無附息負債	$ 19,538,240	$ 437,481	$ 31,047
浮動利率工具	5,326,880	5,104,655	4,371,051
固定利率工具	16,790,929	16,133	-
	$ 41,656,049	$ 5,558,269	$ 4,402,098

　　另外讀者可能不是一開始就注意到，當勝華公布第2季財報之後，融券張數飆高到10萬餘張，之後根本就是一券難求，借券費高漲，比歌后江蕙的門票還難搶，你還以為市場裡面沒有高手嗎？那你真是太小看金融市場了！

懷憂喪志的尚志半導體

　　因為教學的緣故，我經常會與銀行授信的同學交流，而為了教學舉例，我一直會需要更新一些風險較高的個股當成教材。尚志半導體（3579）這幾年一直出現

在我的壞股觀察名單中。

在這裡還是要再澄清一下，放空是很專業的投資行為，一般人不要以為看到好公司財報變壞或是找到財務體質很差的公司，就可以任意去放空，那些會被軋空的人就是這樣的菜鳥。我見過太多財務體質差、壞消息滿天飛的個股，但是股價最後還是可以上漲，把整堆放空的空方軋到認輸。如果沒有100％確定現金周轉問題，而且沒有財務利空見報前，如果公司派外圍資金豐沛、實力夠強，市場都還是有能力軋空作空者的部位。

尚志半導體是大同旗下的子公司，主要產品是多晶太陽能矽晶片與太陽能模組等。它除了一直在我觀察名單中出現，而且是連續8年都虧損的公司，但就算你知道年年虧損，它在2015與2017年間都還有出現80％的強勢反彈，只看到壞消息就在低點放空的人，一定會被斷頭出場。

尚志在106年第2季半年報時，可以查到持有綠能（3519）約24％的股票（見圖4-1），雖然不到50％，但

由於尚志半導體是綠能單一最大股東，因此需要編列合併財務報表，所以綠能對於尚志的營運與獲利有很直接的關聯。

圖4-1 106年第二季尚志半導體的合併財報編製主體

合併財務報表編製主體如下：　　　　　　　　　　　**雖然持股比例不到50%**

投資公司名稱	子公司名稱	主要業務	106.6.30	105.12.31	105.6.30
			所持有權益百分比		
本公司	綠能科技股份有限公司(以下閎稱綠能公司)(註1)	電子零組件製造及電子材料批發零售等	24.44%	24.44%	24.44%
〃	GREATER POWER LIMITED	投資業	100.00%	100.00%	100.00%
〃	志德投資股份有限公司	投資業	100.00%	100.00%	100.00%
綠能公司	綠能全球投資公司(註2)	投資業	100.00%	100.00%	100.00%
〃	ENERGY WELL INTERNATIONAL LIMITED	投資業	100.00%	100.00%	100.00%
〃	同昱能源科技股份有限公司(註3)	太陽能電池模組及相關原物料之製造、銷售	30.05%	30.05%	30.05%

再來是它的現金缺口越來越大，在106年第二季財務報表中，會計師揭露流動性風險，短於一年的債務高達近100億元（圖4-2）。我們再計算同期現金與有價證券總額僅10.9億元（圖4-3），也快要低於現金缺口率10%的標準。

圖4-2 尚志106年第二季短於一年金融負債

5. 流動性風險管理

本集團藉由現金及約當現金、高流動性之有價證券及銀行借款等合約以維持財務彈性。下表係彙總本集團金融負債之合約所載付款之到期情形,依據最早可能被要求還款之日期並以其未折現現金流量編製,所列金額亦包括約定之利息。以浮動利率支付之利息現金流量,其未折現之利息金額係依據報導期間結束日利率計算而得。

非衍生金融工具

	短於一年	二至三年	四至五年	五年以上	合計
106.6.30					
短期借款(含預計償付之借款利息)	$3,212,292	$-	$-	$-	$3,212,292
應付款項	3,248,616	-	-	-	3,248,616
其他應付款	1,685,960	-	-	-	1,685,960
長期借款(含預計償付之借款利息)	1,811,743	552,047	-	-	2,363,790
存入保證金	48	-	-	980	1,028
	$9,958,659	$552,047	$-	$980	$10,511,686

圖4-3 尚志106年第二季綜合資產負債表

單位:新台幣千元

代碼	資產 會計項目	附註	一〇六年六月三十日 金額	%	一〇五年十二月三十一日 金額	%	一〇五年六月三十日 金額	%
	流動資產							
1100	現金及約當現金	四及六	$276,182	2	$424,622	2	$558,745	3
1110	透過損益按公允價值衡量之金融資產－流動	四、五及六	4,701	-	8,472	-	510	-
1125	備供出售金融資產－流動	四、五及六	-	-	-	-	91	-
1147	無活絡市場之債務工具投資－流動	六及八	421,836	2	534,218	3	496,481	2
1150	應收票據淨額	四及六	354,657	2	93,702	1	155,436	1
1170	應收帳款淨額	四、六及七	1,179,131	7	1,300,318	7	1,922,903	9
1200	其他應收款		102,757	1	150,254	1	178,954	1
1220	本期所得稅資產	四及五	200	-	693	-	2,526	-
130x	存貨	四、六及八	1,278,842	8	1,554,001	9	2,048,846	10
1410	預付款項	六及八	578,233	4	643,977	4	916,987	5
1460	待出售非流動資產(淨額)	四及六	46,179	-	78,523	-	87,217	-
1470	其他流動資產		11,092	-	7,729	-	12,369	-
11xx	流動資產合計		4,253,810	26	4,796,509	27	6,381,065	31
	非流動資產							
1523	備供出售金融資產－非流動	四、五、六及八	261,568	2	209,343	1	161,143	1
1546	無活絡市場之債券投資－非流動	六及八	29,094	-	14,765	-	-	-
1550	採權益法之投資	四及六	98,410	1	85,356	1	60,379	-
1600	不動產、廠房及設備	四、五、六、七及八	9,087,261	55	9,737,303	55	10,618,628	52
1780	無形資產	四、五及六	6,193	-	8,296	-	10,530	-
1840	遞延所得稅資產	四、五及六	294,855	2	348,363	2	410,512	2
1900	其他非流動資產	六及八	2,354,325	14	2,493,840	14	2,634,992	14
15xx	非流動資產合計		12,131,704	74	12,897,266	73	13,896,184	69

　　因此只要綠能財務惡化、虧損擴大，尚志肯定現金缺口率會低於10％。而這家公司很可怕，在106年8月中還有13.5元，財報出來後還繼續飆漲到20.9元才休止。事實上真正好的介入點，是等到107年綠能第3季季報出來，認列9億元業外虧損，這時候綠能崩盤已經很難放空了。

　　但是尚志卻是個好機會，如果大家記得這家公司現金＋有價證券才10億元，這時候再認列2、3億元的金融虧損，公司的資金勢必非常吃緊。當時價格還有9元是一個放空機會，後來雖然108年3月反彈回到9元附近，但市場也很難軋到你的部位，而且後續因為公告107年第4季認列綠能的投資損失約18億元，使得107年每股淨值從第3季10.72元，第4季下降至0.84元。這時候股價3.7元左右，是第二個放空點，此後股價再也回不了頭，連反彈的力氣都沒有，直到108年公告的第一季季報再認列投資損失4.9億，淨值轉為負值，依規定暫停交易，依法下市。至此，空頭才能大獲全勝。

　　事實上，放空的操作難度是比作多還要更高的，因為你要能更精準的抓到財務透支與消息見報的第一時間。如果你沒有一直準備等待機會，利空消息出現的時候，你也無法判斷是否能介入而錯失機會。但回到教學的根本目的，你看得懂什麼是壞股，也就表示你可以遠離那些有可能變成地雷的公司，讓你在投資路上得以明哲保身。

第五章
財報分析在投資上的益處

　　我個人認為，基本面分析的精華在於它可以讓我們回到一致性的檢驗標準，用數字以及計算的邏輯方法，讓投資決策盡可能加入理性思考與量化比較的要素，幫助我們戰勝人性的弱點，這是對每一個投資人都或多或少能提供幫助的分析工具。

　　就像我們有時候出門去買東西，會先上網做功課，研究一下產品的優缺點，或是去看看一些網路上的分析評測，做為我們採購比較的基礎，這是很簡單的消費習慣。但如果你是玩家級的消費者，你不但對於每個不同公司的產品差別如數家珍，對於各種新產品的規格也瞭

如指掌。

　　如果你是一個攝影玩家，你會特別注意數位相機的感光元件、對焦模組、機身材質。如果你是一個手機玩家，你就會注意手機的處理器核心數、時脈、記憶體容量、螢幕解析度、相機感光元件尺寸。如果你是一個汽車玩家，你會去看引擎汽缸數、變速系統、主動防護，乃至於車身大小，都會是你注意的地方。如果你是一個專業的房地產投資客，你會去觀察房子的地段、機能、格局、座向、施工品質、管委會運作等等細節。你買東西為了精打細算，就一定會花時間研究產品不同層面相關的訊息，並且做出最適合自己的決策。

　　以上講到的東西，全部都是商品的規格。由於有了規格，我們有了比較的基礎，如果同樣品牌同等級手機，準備要推出新一代1080p螢幕的產品，如果他們過去720p螢幕的手機定價9,000元，機皇等級2K螢幕手機要賣24,000元，我們可以猜測那款新手機上市定價應該是16,500元附近的水準。儘管股票市場中有許多的公

司特性無法被量化，也無法被規格化，但在一般的消費
採購同樣會遇到相同的困擾。透過「規格」形成的消費
決策思考方式，大致上類似於我們在財報數字上的分析
過程。也就是說，股票的財報數字是每一檔股票的「規
格」，如果你想要成為玩家級的投資人，你必須要深入
了解「股票的規格」，而股票的規格則是我們比較不同
股票之間的股價差異最重要的基礎。

基本面比你想得還有用

　　很多人都說基本面是一種股市「後照鏡」，因為財
報數字公布當時，已經落後股價1到3個月之久，使得
財報數字成為落後指標，在不具有時效性的特性之下，
反而讓許多剛入門的新手找到不願意去學習財報知識的
藉口。但是投資很多時候不必領先，而是需要了解事實
與現況，公開觀測站的財報數字雖然落後，但是跟你一
樣的外部投資人更多，你只要能贏那些不看財報的投資

人就夠了！

　　實際上，開車不能沒有後照鏡，專業賽車手也相當依賴後照鏡，後照鏡雖然不能為我們指引前方的道路，讓賽車手只看後照鏡就能在跑道上風馳電掣，但是它對於駕駛人變換車道以及了解周遭路況，還是提供了相當強大而且便捷的協助。財報數字也具有這樣的特性，它可以用來比較不同公司之間，市場用價格給與評價的優劣程度，更可以做為檢驗經營者誠信度的標準尺。

　　就像巴菲特與葛拉漢都說過的話：「投資就應該像買車子一樣，要先踢踢輪胎，再打開引擎蓋，看看內部狀況，這個方法看似愚蠢，但卻是投資的精髓。」在我來看，如果投資人連財報數字都不願意花時間了解，就跟當凱子盲目消費是一樣的行徑，這樣到最後還會賺錢，實在讓人感到驚訝。

　　從前面講述的幾個例子與分析，其實股價終究還是會貼著基本面走，也象徵著台灣股票市場越來越成熟的現象。但這同時表示，投資人在股票市場要賺錢的難度

越來越高，你如果不具有足夠的專業能力，很難在市場
中長期生存。

開啟財務分析的正確思考

　　無論如何，股票價格反映著未來獲利的預期，只是
所謂的獲利是財務表面上的獲利，還是真正放得進口袋
的獲利。財務分析與基本面說起來很簡單，終究是要探
尋公司賺的錢是真鈔還是虛鈔。

　　一般投資人當然需要關心公司的獲利指標情況，所
以我們要去檢視毛利率、稅後淨利率以及EPS的變化，
但是我們還要更進一步去檢視獲利來源，以及是否只是
帳上財富，所以我們要去分析來自營運活動的現金流以
及自由現金流量，當然我們更關心現金股息的配發是來
自於盈餘，還是只是靠銀行借款、公司債或是現金增
資，所以我們要去檢視「現金活水率」。當我們研究了
這些，還要仔細觀察公司經營團隊長期表現，檢視公司

轉投資是否過於複雜……

　　所謂基本面的分析，就是這樣一步一步、挑三揀四地選到自己願意投資的標的。一本別冊能講的有限，基本面的故事卻無窮無盡。希望本書與別冊能夠開啟你財務分析與基本面的正確思考，當你建立了正確的財務分析邏輯，縱使不能趨吉，也一定能夠避凶。在投資市場上，祝福你能夠徜徉遠行，終究達成自己的財務目標！

新商業周刊叢書 BW0526Y

圖解新制財報選好股《2020增訂版》
（附：《會計師選股7大指標及41檔口袋名單》別冊）

作　　　　者／羅澤鈺
文 字 整 理／黃紹博
企 劃 選 書／陳美靜
責 任 編 輯／李皓歆
版　　　　權／黃淑敏、吳亭儀
行 銷 業 務／周佑潔、王瑜

總 　編　 輯／陳美靜
總 　經　 理／彭之琬
事業群總經理／黃淑貞
發 　行　 人／何飛鵬
法 律 顧 問／台英國際商務法律事務所　羅明通律師
出　　 版／商周出版
　　　　　　臺北市104民生東路二段141號9樓
　　　　　　電話：(02)2500-7008　傳真：(02)2500-7759
　　　　　　E-mail：bwp.service＠cite.com.tw
發　　　　行／英屬蓋曼群島商家庭傳媒股份有限公司　城邦分公司
　　　　　　臺北市104民生東路二段141號2樓
　　　　　　讀者服務專線：0800-020-299　24小時傳真服務：(02)2517-0999
　　　　　　讀者服務信箱E-mail：cs@cite.com.tw
　　　　　　劃撥帳號：19833503　戶名：英屬蓋曼群島商家庭傳媒股份有限公司城邦分公司
訂 購 服 務／書虫股份有限公司客服專線：(02)2500-7718；2500-7719
　　　　　　服務時間：週一至週五上午09:30-12:00；下午13:30-17:00
　　　　　　24小時傳真專線：(02)2500-1990；2500-1991
　　　　　　劃撥帳號：19863813　戶名：書虫股份有限公司
　　　　　　E-mail：service@readingclub.com.tw
香 港 發 行 所／城邦（香港）出版集團有限公司
　　　　　　香港灣仔駱克道193號東超商業中心1樓
　　　　　　E-mail:hkcite@biznetvigator.com
　　　　　　電話：(852) 2508-6231　傳真：(852) 2578-9337
馬 新 發 行 所／城邦（馬新）出版集團
　　　　　　Cite (M) Sdn. Bhd. (45837ZU)
　　　　　　41, Jalan Radin Anum, Bandar Baru Sri Petaling, 57000 Kuala Lumpur, Malaysia.
　　　　　　電話：(603) 9057-8822　傳真：(603) 9057-6622　E-mail：cite@cite.com.my

內 文 排 版／李秀菊、簡至成
封 面 設 計／FE Design 葉馥儀
印　　　　刷／鴻霖印刷傳媒股份有限公司
總 　經 　銷／聯合發行股份有限公司　電話：(02) 2917-8022　傳真：(02) 2911-0053
　　　　　　地址：新北市231新店區寶橋路235巷6弄6號2樓
行政院新聞局北市業字第913號

■ 2020年08月11日修訂二版1刷　　　　　　　　　　　Printed in Taiwan

定價400元　　　　　　版權所有·翻印必究
ISBN 978-986-477-889-8

城邦讀書花園
www.cite.com.tw